Ulrich Nagel

Nachtragsmanagement in Bauprojekten, Teil 2

Nachtragsvergütung für den Bauinhalt bestimmen

Ulrich Nagel

Nachtragsmanagement in Bauprojekten

Teil 2

Nachtragsvergütung
für den Bauinhalt bestimmen

FSC
www.fsc.org
MIX
Papier aus verantwortungsvollen Quellen
Paper from responsible sources
FSC® C105338

Bibliografische Information der Deutschen Nationalbibliothek: Die Deutsche Nationalbibliothek verzeichnet diese Publikation in der Deutschen Nationalbibliografie; detaillierte bibliografische Daten sind im Internet über http://dnb.dnb.de abrufbar.

Verlag: BoD · Books on Demand GmbH, Überseering 33, 22297 Hamburg, bod@bod.de

Druck: Libri Plureos GmbH, Friedensallee 273, 22763 Hamburg

ISBN: 978-3-6963-7309-2

Haftungsausschluss:
Dieses Buch wurde mit Sorgfalt erarbeitet. Trotzdem können weder Verlag noch Autor für Probleme oder Verluste bei der Anwendung der Vorschläge haftbar gemacht werden. Es sind stets die aktuellen Rechtsquellen zu verwenden und im Zweifel ist eine kompetenter Rechtsanwalt zu konsultieren.

Inhalt

Hinweis

- **Dieses Buch ist nicht nach der Struktur des Baurechtes gegliedert, sondern nach den aus verschiedenen praktischen Situationen sich ergebenden unterschiedlichen Kalkulationsverfahren.**

- **Die Beispielrechnungen werden tabellarisch dargestellt, um die Vergütungsänderungen deutlich hervorzuheben. Dies ist bei der Kalkulation und im Schriftverkehr zu Nachträgen nicht üblich. Die Gedanken sind in der Praxis in einer „fortlaufenden“ Rechnung darzustellen.**

Im Interesse der besseren Lesbarkeit, werden einzelne Textteile und Bilder aus Teil 1 wiederholt.

1. Drei Berechnungen vorgelegt und dann Totalverlust der Vergütung – das muss nicht sein

Aus der Rechtsprechung (aus IBR)

„Endgültige Klageabweisung mangels schlüssiger Darlegung der Werklohnforderung
Ist der Werklohnanspruch nicht schlüssig dargelegt, wird die Klage nach **dem meist gebotenen richterlichen Hinweis** abgewiesen. Hat der Unternehmer eine Werklohnforderung im BGB-Vertrag geltend gemacht**, ist die Klageabweisung in der Regel endgültig. Der Unternehmer hat keine Gelegenheit, mit einer neuen Schlussrechnung den Werklohn nochmals geltend zu machen.** Denn mit der Klageabweisung ist rechtskräftig entschieden, dass der Werklohnanspruch nicht besteht. Das gilt auch dann, wenn die Prüfbarkeit an sich Fälligkeitsvoraussetzung ist, der Besteller den Einwand fehlender Prüfbarkeit jedoch nicht erhoben hat (BGH, Beschl. v. 14.6.2007 - VII ZR 230/06). Der Unternehmer hat dann keinen Anspruch auf Abweisung der Klage als derzeit unbegründet." Kniffka, IBR – online Kommentar zum BGB

Würde der Unternehmer aufgrund von Einsprüchen des Auftraggebers verschiedene Kalkulationen durchführen, besteht die Gefahr, dass er seinen an sich berechtigten Anspruch auf Nachtragsvergütung verliert.

Legt der Auftragnehmer eine nicht prüfbare Schlussrechnung vor und ist deshalb seine Forderung vorläufig nicht begründet, so kommt es ihm nicht zugute, wenn der gerichtliche Sachverständige eine eigene Berechnung nach Erfahrungssätzen vornimmt. Den erforderlichen Vortrag kann der Auftragnehmer nicht durch ein Gutachten ersetzen, das ohne Berücksichtigung der Kalkulation von Erfahrungssätzen ausgeht.
OLG Bamberg, Urteil vom 30.07.2003 - 3 U 240/00 (aus IBR)

Versuch zur Lösung des Problems

Einigung über das Preisniveau und das Rechenverfahren (Vorzugslösung)
Mit dem Charakter einer Individualvereinbarung

▼

oder

- **VOB/B §16**
- **BGB § 650 g**
- **Vorgehen nach Zivilprozessordnung**

▼

Wenn das nicht möglich ist ►

Aufforderung an den Auftraggeber, konkrete Angaben zu machen, was nicht prüfbar ist.

1. Einigung der Vertragspartner

Der Vorteil einer Einigung über die Art der Abrechnung.
1. Gehen die Parteien übereinstimmend davon aus, dass die Berechnung des neuen Preises im Wege einer Fortschreibung der dem Vertrag zu Grunde liegenden Kalkulation des Auftragnehmers (und nicht anhand tatsächlicher oder üblicher Kosten) zu erfolgen hat, **ist das Gericht daran gebunden.** BGH, Urteil vom 14.03.2013 - VII ZR 142/12 [1]

1. Hat der Auftraggeber einen Nachtrag „dem Grunde nach" beauftragt, steht dem Auftragnehmer ein Anspruch auf Mehrvergütung zu. Der Frage der Erforderlichkeit dieser Leistungen ist dann nicht weiter nachzugehen.
2. Gehen die Parteien eines Bauvertrags übereinstimmend davon aus, dass sich die Höhe der Nachtragsvergütung nach den Preisansätzen in der Urkalkulation des Auftragnehmers richtet (sog. vorkalkulatorische Preisfortschreibung), **ist das Gericht daran gebunden**.
OLG Koblenz, Urteil vom 10.02.2016 - 5 U 1055/15 [2]

2. Aufforderung zur klaren Darstellung was nicht prüfbar ist bzw. wie der Nachtrag berechnet werden soll

Die bloße Rüge des Auftraggebers, die Rechnung des Auftragnehmers sei nicht prüfbar, ist nicht ausreichend. Vielmehr müssen die Einwendungen den Auftragnehmer in die Lage versetzen, die fehlenden Anforderungen an die Prüfbarkeit nachzuholen.
OLG Brandenburg, Urteil vom 15.03.2018 - 12 U 82/17 (aus IBR)

VOB/B *§ 16 Zahlung*
(3) 1.... Werden Einwendungen gegen die Prüfbarkeit unter Angabe der Gründe nicht bis zum Ablauf der jeweiligen Frist erhoben, kann der Auftraggeber sich nicht mehr auf die fehlende Prüfbarkeit berufen. Die Prüfung der Schlussrechnung ist nach Möglichkeit zu beschleunigen. Verzögert sie sich, so ist das unbestrittene Guthaben als Abschlagszahlung sofort zu zahlen.

BGB (Fassung ab 1.1.2018)
§ 650g Zustandsfeststellung bei Verweigerung der Abnahme, Schlussrechnung
(4) Die Vergütung ist zu entrichten, wenn
1. der Besteller das Werk abgenommen hat oder die Abnahme nach § 641 Absatz 2 entbehrlich ist, und
2. der Unternehmer dem Besteller eine prüffähige Schlussrechnung erteilt hat.
Die Schlussrechnung ist prüffähig, wenn sie eine übersichtliche Aufstellung der erbrachten Leistungen enthält und für den Besteller nachvollziehbar ist. Sie gilt als prüffähig, wenn der Besteller nicht innerhalb von 30 Tagen nach Zugang der Schlussrechnung begründete Einwendungen gegen ihre Prüffähigkeit erhoben hat.

[1] Aus IBR
[2] Aus IBR

Sehr geehrte Damen und Herren,
unser Nachtragsberechnung wurde Ihnen am .... zugestellt. Mit Schreiben vom .... stellen Sie nunmehr fest, dass die Rechnung nicht prüfbar/die Abrechnungsunterlagen nicht vollständig sei. Diese Behauptung stellen Sie ohne substantiierten Vortrag auf. Wir halten dies für rechtsmissbräuchlich und fordern Sie hiermit auf

- ☐ das unbestrittene Guthaben in Höhe von ....€ unverzüglich bis zum .... als Abschlagszahlung zu leisten. Bitte beachten Sie, dass wir unseren Zinsanspruch in gesetzlicher Höhe ab dem .... geltend machen werden.
- ☐ uns unverzüglich bis zum .... eine genaue Übersicht zu geben, welche Teile angeblich nicht prüfbar / unvollständig sind. Wir werden dann von unserem Nachbesserungsrecht (für die Abrechnung) Gebrauch machen.

3. Regelungen der Zivilprozessordnung

Zivilprozessordnung (ZPO)
§ 139 Materielle Prozessleitung

(1) Das Gericht hat das Sach- und Streitverhältnis, soweit erforderlich, mit den Parteien nach der tatsächlichen und rechtlichen Seite zu erörtern und Fragen zu stellen. Es hat dahin zu wirken, dass die Parteien sich ***rechtzeitig und vollständig über alle erheblichen Tatsachen erklären, insbesondere ungenügende Angaben zu den geltend gemachten Tatsachen ergänzen,*** *die Beweismittel bezeichnen und die sachdienlichen Anträge stellen.*

(2) ***Auf einen Gesichtspunkt, den eine Partei erkennbar übersehen oder für unerheblich gehalten hat,*** *darf das Gericht, soweit nicht nur eine Nebenforderung betroffen ist, seine Entscheidung nur stützen,* ***wenn es darauf hingewiesen und Gelegenheit zur Äußerung dazu gegeben hat.*** *Dasselbe gilt für einen Gesichtspunkt, den das Gericht anders beurteilt als beide Parteien.*
(3) Das Gericht hat auf die Bedenken aufmerksam zu machen, die hinsichtlich der von Amts wegen zu berücksichtigenden Punkte bestehen.

(4) ***Hinweise nach dieser Vorschrift sind so früh wie möglich zu erteilen und aktenkundig zu machen. Ihre Erteilung kann nur durch den Inhalt der Akten bewiesen werden.*** *Gegen den Inhalt der Akten ist nur der Nachweis der Fälschung zulässig.*

(5) Ist einer Partei eine sofortige Erklärung zu einem gerichtlichen Hinweis nicht möglich, so soll auf ihren Antrag das Gericht eine Frist bestimmen, in der sie die Erklärung in einem Schriftsatz nachbringen kann.

2 Nachtragskalkulation im VOB/B-Vertrag

In den nächsten Abschnitten wird versucht, die Kalkulation der Preise in möglichst praxisgerechter Form darzustellen. Die notwendige Vereinfachung einzelner Sachverhalte kann Sonderfälle und Kombinationen verschiedener Ursachen allerdings nicht berücksichtigen.
In der VOB/B sind das Änderungsrecht des Auftraggebers und die Konsequenzen für den Auftragnehmer geregelt:

> ***VOB/B § 1***
> ***Art und Umfang der Leistung***
> *:*
> *(3) Änderungen des Bauentwurfs anzuordnen, bleibt dem Auftraggeber vorbehalten.*
> *(4) Nicht vereinbarte Leistungen, **die zur Ausführung der vertraglichen Leistung erforderlich werden**, hat der Auftragnehmer auf Verlangen des Auftraggebers mit auszuführen, außer wenn sein Betrieb auf derartige Leistungen nicht eingerichtet ist. **Andere Leistungen** können dem Auftragnehmer nur mit seiner Zustimmung übertragen werden.*

Es wird in dieser Formulierung der VOB/B deutlich zwischen dem Änderungsrecht für notwendige Leistungen und „anderen“ Leistungen unterschieden. In den folgenden Paragrafen erfolgt dann eine Differenzierung hinsichtlich der Änderungen und zusätzlichen Leistungen.

Leistungsänderung	**ohne** Einwirkung des AG	**Anweisung/Anordnung** des AG
Vergrößerung des Leistungsumfanges einer bestellten Leistung	§ 2, Abs. 3, Nr. 2 + Lösen von der Urkalkulation möglich, BGH, Urteil vom 08.08.2019, VII ZR 34/18	§ 2 Abs. 5 + 6 + KG, Urteil vom 10.07.2018 - 21 U 30/17
Verkleinerung des Leistungsumfanges einer bestellten Leistung	§ 2, Abs. 3, Nr. 3	Teilkündigung § 8
Wegfall einer bestellten Leistung		
geänderte Leistungen		§ 2, Abs. 5 + KG, Urteil vom 10.07.2018 - 21 U 30/17
zusätzliche notwendige Leistungen	§ 2 Abs. 8	§ 2, Abs. 6 + KG, Urteil vom 10.07.2018 - 21 U 30/17
zusätzliche nicht notwendige Leistungen		
Mehraufwendungen aufgrund geänderter Bauumstände	§ 6	§ 2 Abs. 5 + KG, Urteil vom 10.07.2018 - 21 U 30/17
Geforderte Ausführung trotz Bedenken		§ 4, Abs. 1 Nr. 3 + 4
angeordnete Beschleunigung		§ 2 Abs. 5 + 6 + KG, Urteil vom 10.07.2018 - 21 U 30/17
Verlangen von Unterlagen (Planungen)		§ 2 Abs.9

Vereinbarung zur Nachtragskalkulation im VOB/B – Vertrag

1. Die Vertragsmenge wird zum Vertragspreis abgerechnet

+

2. Einigen sich die Vertragsparteien auf ein Rechenverfahren zur Vergütungsanpassung?

ja ▼

Das Verfahren zur Vergütungsanpassung wird angewendet.

Sachverständige und Gerichte sind an diese Einigung gebunden. Dies auch, wenn eigentlich ein anderes Verfahren zutreffend wäre. (außer Korruption)

z.B.
- Fortschreibung der Urkalkulation
- Ortsüblicher Preis
- Preisniveau des Vertrages
- Nutzung der Informationen aus einer hinterlegten Urkalkulation

nein ▼

Wird die vom Auftragnehmer **nachträglich vorgelegte** Urkalkulation vom Auftraggeber für die Bestimmung der Nachtragsvergütung akzeptiert?

ja ▼

Die Werte der Urkalkulation können einvernehmlich verwendet werden.

nein ▼

Es werden die **tatsächlich erforderlichen Kosten und angemessene Zuschläge für AGK, Wagnis und Gewinn** bestimmt.

2.1. Nachlässe im Angebot

Aus der Rechtsprechung (aus IBR)

Hat ein Auftragnehmer eine Leistungsposition mit einem geringeren Einheitspreis angeboten, als ihm selbst vom Nachunternehmer angeboten worden ist, so entspricht es dem Grundverständnis von § 2 Abs. 5 VOB/B, diesen kalkulierten Verlust betragsmäßig auf den Preis der geänderten Leistung fortzuschreiben. [3]

OLG Hamm, Urteil vom 09.05.2018 - 12 U 88/17

„Das OLG Hamm führt hierzu aus, maßgebend für die Mehr- und Minderkostenermittlung im Rahmen des § 2 Abs. 5 VOB/B sei, **wie der AN die Preise kalkuliert hätte, wenn ihm die Leistungsänderung von Anfang an bekannt gewesen wäre.** Das OLG lehnt jedoch eine prozentuale Fortschreibung des vom AN kalkulierten Verlustes ab. Dies sei nicht sachgerecht, da dadurch die kalkulierten Gewinne oder Verluste bzw. die insoweit übernommenen Risiken nicht entsprechend der ursprünglichen Kalkulation abgebildet würden, sondern je nach zu Grunde liegenden Einheitspreisen und Mengen erhöht oder verringert würden. Der AN habe aber bei der Kalkulation ein konkretes Gewinn- oder Verlustrisiko übernommen, das im Hinblick auf Mengenabweichungen durch § 2 Abs. 3 VOB/B begrenzt sei. Es entspreche dem Grundverständnis des § 2 Abs. 3 und 5 VOB/B, den kalkulierten Gewinn und Verlust **nur betragsmäßig fortzuschreiben**. § 2 Abs. 5 VOB/B stelle sicher, dass das im Wettbewerb erzielte Preisniveau auch für Nachtragsforderungen erhalten bleibe, der AN also grundsätzlich über den Nachtrag weder einen nicht kalkulierten zusätzlichen Gewinn erziele noch einen zusätzlichen Verlust erleide."

[3] aus IBR

Jahrelang galt der immer wiederholte Satz „..ein guter Preis bleibt ein guter Preis und ein schlechter Preis bleibt ein schlechter Preis…“ für die Nachtragskalkulation. Dieses Vorgehen wurde durch das BGH-Urteil vom 08.08.2019 - VII ZR 34/18 grundsätzlich infrage gestellt. Es wird vielmehr für die Leistungsänderung auf die tatsächlich erforderlichen Kosten mit angemessenen Zuschlägen für AGK, W+G abgestellt. Insbesondere unter folgenden Bedingungen kann der lange Zeit benutzte „Leitsatz“ nicht angewendet werden:

1. Der Auftragnehmer hat keinen prozentualen, sondern einen absoluten Nachlass gegeben,
2. Aufgrund einer sehr geringen Ausführungsmenge hat der Auftragnehmer einen sehr hohen Preis angesetzt, da ggf. die „Rüstkosten“ sehr hoch sind oder Mengenrabatte nicht erzielbar sind.

Vorzugslösung: Nachlässe in konkreter Höhe benennen

In der Praxis gibt es Situationen, in denen der Unternehmer einen Nachlass in konkreter Höhe geben will. Das kann z.B. sein, wenn er noch Material am Lager hat, dass der ausgeschriebenen Menge entspricht und er mit dem Auftrag sein Lager räumen könnte. Will der Unternehmer in einer Position einen Nachlass nicht prozentual, sondern in konkreter Höhe geben sollte er dies deutlich machen.

z.B. „Das Abgebot gilt nicht für Nachträge“ oder „Das Abgebot bezieht sich auf die Angebotskalkulation“ oder „das Abgebot bezieht sich auf den (Haupt)-auftrag“ oder „das Abgebot bezieht sich auf die ausgeschriebene Menge“.

Die Angabe eines Nachlasses in absoluter Höhe ist bei öffentlichen Ausschreibungen nicht möglich. Die Nachlässe müssen in den EFB-Blättern prozentual angegeben werden. Hier kann im Streitfall nur der Rückgriff auf die Urkalkulation erfolgen. Dort reicht mitunter ein handschriftlicher Eintrag, wie der absolute Nachlass in einen prozentualen umgerechnet wurde.

aus der Rechtsprechung (aus IBR)

§ 2 Nr. 5 VOB/B billigt dem Auftragnehmer eine Mehrkostenvergütung unter Aufrechterhaltung und Fortschreibung der ursprünglichen Preiskalkulation zu, um sicherzustellen, dass der Auftragnehmer über den Nachtrag weder einen nichtkalkulierten zusätzlichen Gewinn erzielt noch einen zusätzlichen Verlust erleidet. Infolge dessen bleiben auch Gewinne und Verluste des Auftragnehmers aus der Vergabe von Lieferanten- und Nachunternehmerverträgen grundsätzlich **betragsmäßig** erhalten. OLG Dresden, Urteil vom 28.06.2012 - 16 U 831/11; BGH, Beschluss vom 21.03.2013 - VII ZR 211/12

Beispiel

Der AN hatte zur Erhöhung der Konkurrenzfähigkeit seines Gesamtangebots beim Einsatz dieses Materials einen betragsmäßig begrenzten Verlust in Kauf genommen, der sich bei unveränderter Auftragsausführung in eben dieser Höhe realisiert hätte.

vorteilhaft bei Mengenmehrungen	**Grundlage des Vertrages**	**tatsächliche Ausführung aufgrund der Anordnung des AG + Abrechnung**
Menge und Einheit	100 m^2	140 m^2
Preis je Einheit in der Urkalkulation	100,- €/m^2	bis 100 m^2 Menge: 80,- €/m^2 über 100 m^2 Menge: 100,- €/m^2
Kalkulierter Verlust für die ausgeschriebene Menge als absolute Größe (Abgebot) ergibt durch Umlage auf das Mengengerüst einen niedrigeren EP (z.B. Abgebot ohne Bedingungen) z.B. eigentliche Materialkosten 60 €/m^2, davon aber nur 40 €/m^2 in die Kalkulation eingegangen	**2.000,- €** damit Reduzierung des eigentlich plausiblen EP von100,- €/m^2 um 2000,- € /100m^2 = 20,- €/m^2	
Einheitspreis, der sich durch Rückrechnung aus dem (positionsbezogenen) Abgebot ergibt	80,- €/m^2	
neuer Einheitspreis für Mehrmengen über 100 % (Wegfall des Abgebotes für Mehrmengen)		100,- € / m^2
Abrechnung		100 m^2 x 80,- €/m^2 = 8.000,- € + 40 m^2 x 100,- €/m^2 = 4.000,- €
Gesamtpreis		**12.000,- €**
zum gleichen Ergebnis kommt man, wenn das Abgebot absolut eingeführt wird		140 m^2 x 100,- € / m^2 = 14.000,- € Abgebot (absolut) - 2.000,- € 12.000,- €

Würde man den Grundsatz „...guter Preis bleibt guter Preis und schlechter Preis bleibt schlechter Preis..." formal anwenden ergibt sich bei gleicher Konstellation:

nachteilig	Grundlage des Vertrages	tatsächliche Ausführung aufgrund der Anordnung des AG + Abrechnung
Menge und Einheit	100 m^2	140 m^2
Preis je Einheit in der Ursprungskalkulation	100,- €/m^2	für gesamte Menge: 80,- €/m^2 („schlechter Preis")
Kalkulierter Verlust bei prozentualem Abgebot von 20 %	**2.000,- €** Damit Reduzierung des eigentlich plausiblen EP von100,- €/m^2 um 2000,- € /100m^2 = 20,- €/m^2	
neuer Einheitspreis für Mehrmengen über 100 %		80,- € / m^2
Abrechnung		140 m^2 x 80,- €/m^2 = 11.200,- €
Gesamtpreis		**11.200- €**

Der Unternehmer erleidet in dieser Position einen **<u>zusätzlichen Verlust</u>** von 800,- € wegen fehlender Information darüber, dass der Nachlass nur für die ausgeschriebene Menge in absoluter Höhe gilt.

Analoge Situationen ergeben sich bei vom Auftraggeber zu vertretender **Verspätung im Baubeginn** und eingetretener Materialpreiserhöhung

vorteilhaft	**Grundlage des Vertrages**	**durch AG zu vertretende Verspätung zur Ausführung + Abrechnung**
Menge und Einheit	100 m^2	100 m^2
Preis je Einheit in der Ursprungskalkulation	100 €/m^2	
Kalkulierter Verlust für die ausgeschriebene Menge als **absolute Größe** (Abgebot) ergibt durch Umlage auf das Mengengerüst einen niedrigeren EP (z.B. Abgebot ohne Bedingungen) für eine ursprünglich im Vertrag vorgesehene Ausführungszeit. z.B. eigentliche Materialkosten 60 €/m^2, davon aber nur 40 €/m^2 in die Kalkulation eingegangen	**2.000,- €** damit Reduzierung des eigentlich plausiblen EP von100,- €/m^2 um 2000,- € /100m^2 = 20,- €/m^2	
Einheitspreis, der sich aus dem Abgebot ergibt	80,- €/m^2	
neuer Einkaufspreis für Material in der zeitlich verschobenen Ausführung nach Materialpreissteigerung		statt 60,- €/m^2 nun 70,- €/m^2
Abrechnung		100 m^2 x 80,- €/m^2 = 8.000,- € + 100 m^2 x 10,- €/m^2 = 1.000,- €
Gesamtpreis		**9.000,- €**
zum gleichen Ergebnis kommt man, wenn das Abgebot absolut eingeführt wird		100 m^2 x 110,- € / m^2 = 11.000,- € Abgebot (absolut) - 2.000,- € 9.000,- €

Würde man auch hier den Grundsatz „...guter Preis bleibt guter Preis und schlechter Preis bleibt schlechter Preis..." formal anwenden ergibt sich bei gleicher Konstellation:

nachteilig	**Grundlage des Vertrages**	**durch AG zu vertretende Verspätung zu Ausführung + Abrechnung**
Menge und Einheit	100 m²	100 m²
Preis je Einheit in der Ursprungskalkulation	100 €/m²	
Kalkulierter Verlust bei prozentualem Abgebot von 20 %	**2.000,- €** damit Reduzierung des eigentlich plausiblen EP von100,- €/m² um 2000,- € /100m² = 20,- €/m²	
Einheitspreis, der sich aus dem Abgebot ergibt	80,- €/m²	
neuer Einkaufspreis für Material		statt 60,- €/m² nun 70,- €/m²
Fortschreibung des EP nach der Prozentregel z.B. eigentliche Materialkosten 60 €/m², davon aber nur 40 €/m² in die Kalkulation eingegangen = 67 %		40,- / 60,- = 67 % Materialanteil 70,- €/m² x 67 % = 46,90 €/m² + andere Kosten der Teilleistung= 40,00 €/m²
Abrechnung: Gesamtpreis		100 m² x 86,90 €/m² = 8.690,- €

Der Unternehmer erleidet in dieser Position einen <u>zusätzlichen Verlust</u> von 310,- € bei der formalen Anwendung des Grundsatzes „...guter Preis bleibt guter Preis und schlechter Preis bleibt schlechter Preis..."

Eine Besonderheit sieht die VOB/B in § 2 Abs. 3 Nr. 2 vor, wenn sich die Menge ohne Zutun des Auftraggebers erhöht. Nun ist der „schlechte“ Preis bis zur Grenze von 110% beizubehalten.

RICHTIG	**Grundlage des Vertrages**	**tatsächliche Ausführung aufgrund der Entwicklung aus dem Vertrag heraus (VOB/B § 2 Abs. 3 Nr. 2) + Abrechnung**
Menge und Einheit	100 m^2	140 m^2
Preis je Einheit in der Ursprungskalkulation	100,- €/m^2	bis 110 m^2 Menge: 80,- €/m^2 über 110 m^2 Menge: 100,- €/m^2
Kalkulierter Verlust für die ausgeschriebene Menge als **absolute Größe** (Abgebot) ergibt durch Umlage auf das Mengengerüst einen niedrigeren EP (z.B. Abgebot ohne Bedingungen) z.B. eigentliche Materialkosten 60 €/m^2 aber nur 40 €/m^2 in die Kalkulation eingegangen	**2.000,- €** damit Reduzierung des eigentlich plausiblen EP von100,- €/m^2 um 2000,- € /100m^2 = 20,- €/m^2	
Einheitspreis, der sich aus dem Abgebot ergibt	80,- €/m^2	
neuer Einheitspreis für Mehrmengen über **110 %**		100,- € / m^2
Abrechnung		110 m^2 x 80,- €/m^2 = 8.800,- € + **30 m^2** x 100,- €/m^2 = 3.000,- €
Gesamtpreis		**11.800,- €**

Der Unternehmer erleidet durch Anwendung der dieser Regel gegenüber der Ausführung auf Anordnung des AG einen zusätzlichen Verlust von 200,- €. Im VOB/B-Vertrag wird dies als „unternehmerisches Risiko“ hingenommen.

2.2 Mengenänderungen im VOB/B - Einheitspreisvertrag

Mengenänderungen können ihre Ursachen

- **ohne Einwirkung des AG**
- **durch Anordnung des AG**

haben. Die VOB/B enthält für beide Fälle z.T. die Anleitung zur Bestimmung der Vergütung bei Mengenänderung.

Mengenänderungen bei Vereinbarung der VOB/B als AGB

▼ ▼

ohne Einwirkungen des Auftraggebers	**mit Einwirkungen des Auftraggebers**
Bestimmung der Vergütung bei Mengenänderung ... ► nach	Bestimmung der Vergütung bei Mengenänderung ... ► nach
- **> 110 % ► § 2 Abs. 3 Nr. 2**	- **< 100 % ► § 8 Abs. 1**: Teilkündigung
- **< 90 % ► § 2 Abs. 3 Nr. 3**	- **> 100 % ► § 2 Abs. 6**: nicht vorgesehene Leistung (eventuelle EP-Reduzierung erst ab 110 %)

Die Berechnung der **Vergütung bei Mengenänderungen im Einheitspreisvertrag** bei **Änderung ohne Einwirkung des Auftraggebers** ist nahezu „rezeptartig" in der VOB/B § 2 Abs. 3 beschrieben.

> ***VOB/B § 2 Abs. 3***
> *(1) Weicht die ausgeführte Menge der unter einem Einheitspreis erfassten Leistungen oder Teilleistungen um nicht mehr als 10 v. H. (%) von dem im Vertrag vorgesehenen Umfang ab, so gilt der vertragliche Einheitspreis.*
> *(2) Für die über 10 v.H. hinausgehende Überschreitung des Mengenansatzes ist auf Verlangen ein neuer Preis unter Berücksichtigung der Mehr- oder Minderkosten zu vereinbaren.*
> *(3) Bei einer über 10 v.H. hinausgehenden Unterschreitung des Mengenansatzes ist auf Verlangen der Einheitspreis für die tatsächlich ausgeführte Menge der Leistung oder Teilleistung zu erhöhen, soweit der Auftragnehmer nicht durch Erhöhung der Mengen bei anderen Ordnungszahlen (Positionen) oder in anderer Weise einen Ausgleich erhält. Die Erhöhung des Einheitspreises soll im Wesentlichen dem Mehrbetrag entsprechen, der sich durch Verteilung der Baustelleneinrichtungs- und Baustellengemeinkosten und der Allgemeinen Geschäftskosten auf die verringerte Menge ergibt. Die Umsatzsteuer wird entsprechend dem neuen Preis vergütet.*

Wie jedoch der neue EP für Mengen über 110 % der Vertragsmenge zu bilden ist, ist in der VOB/B nicht beschrieben. Können sich die Vertragsparteien nicht auf einen Preis oder ein Kalkulationsverfahren einigen, sind die tatsächlich erforderlichen Kosten und angemessene Zuschläge für Allgemeine Geschäftskosten, Wagnis und Gewinn anzusetzen.

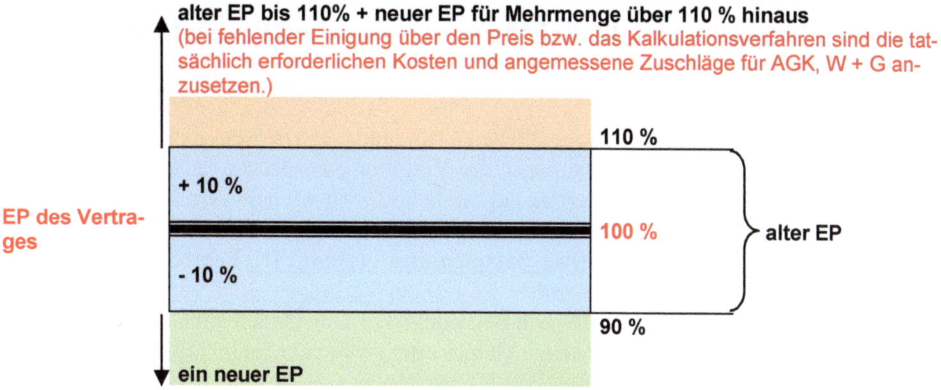

VOB/B – Regelungen zur Bestimmung der Einheitspreise bei Mengenänderung

Ende der Formel: **„guter Preis bleibt guter Preis und schlechter Preis bleibt schlechter Preis"**

1. Wie die Vergütungsanpassung bei Mengenmehrungen vorzunehmen ist, wenn eine Einigung über den neuen Einheitspreis nicht zustande kommt, ist in § 2 Abs. 3 Nr. 2 VOB/B nicht geregelt. Die Bestimmung gibt nur vor, dass bei der von den Parteien zu treffenden Vereinbarung über den neuen Preis Mehr- oder Minderkosten zu berücksichtigen sind. Die VOB/B legt die Verantwortung für die neue Preisbestimmung, durch die etwaigen Störungen des Äquivalenzverhältnisses entgegengewirkt werden soll, damit in die Hände der Vertragsparteien, die unter Berücksichtigung der geänderten Umstände einen neuen Preis aushandeln sollen.*)

2. Abgesehen von der in § 2 Abs. 3 Nr. 2 VOB/B vorgesehenen Einigung auf einen neuen Einheitspreis können die Vertragsparteien sowohl bei Vertragsschluss für den ungewissen Fall, dass Mengenmehrungen im Sinne dieser Bestimmung eintreten, als auch nachträglich, sobald aufgrund konkret eingetretener Mehrmengen ein neuer Einheitspreis verlangt wird, sich über einzelne Teilelemente der Preisbildung verständigen. Sie können etwa einen bestimmten Maßstab beziehungsweise einzelne Kriterien oder Faktoren festlegen, nach denen im konkreten Fall der neue Einheitspreis nach § 2 Abs. 3 Nr. 2 VOB/B bestimmt werden soll.*)

3. Haben sich die Parteien nicht insgesamt oder im Hinblick auf einzelne Elemente der Preisbildung geeinigt, enthält der Vertrag eine Lücke, die im Wege der ergänzenden Vertragsauslegung gemäß §§ 133, 157 BGB zu schließen ist. Dabei entspricht es der Redlichkeit und dem bestmöglichen Ausgleich der wechselseitigen Interessen, dass durch die unvorhergesehene Veränderung der auszuführenden Leistungen im von § 2 Abs. 3 Nr. 2 VOB/B bestimmten Umfang **keine der Vertragsparteien eine Besser- oder Schlechterstellung erfahren soll.***)

4. Die im Rahmen der ergänzenden Vertragsauslegung vorzunehmende Abwägung der beiderseitigen Interessen der Parteien nach Treu und Glauben ergibt, dass - wenn nichts anderes vereinbart ist - **für die Bemessung des neuen Einheitspreises bei Mehrmengen im Sinne von § 2 Abs. 3 Nr. 2 VOB/B die tatsächlich erforderlichen Kosten zuzüglich angemessener Zuschläge maßgeblich sind.***)
BGH, Urteil vom 08.08.2019 - VII ZR 34/18 *) amtliche Leitsätze [4]

[4] Aus IBR

2.2.1 Vergütungsansprüche bei Mehrmengen ohne Einwirkung des Auftraggebers

Obwohl in § 2 Abs. 3 VOB/B die wesentlichen Grundgedanken verständlich formuliert sind, werden täglich Fehler bei der Bestimmung der Vergütungsansprüche gemacht. Die Menge bis zu 110 % der Menge, die dem Vertrag zugrunde lag, wird mit dem vertraglichen Einheitspreis (EP) abgerechnet. Für die darüber hinaus gehende Menge ist ein neuer Einheitspreis zu bilden, **wenn eine der beiden Vertragsparteien dies verlangt (!).** Fehlt dieses Verlangen, kann der Einheitspreis beibehalten werden. Es gibt bei Verlangen einer Vertragspartei in der Abrechnung **zwei Einheitspreise.** Je nach den konkreten Umständen kann der Einheitspreis für die über 110 % hinausgehende Menge kleiner oder größer als der ursprüngliche Einheitspreis sein oder gleich bleiben.

Reduzierung des EP bei Mehrmengen

Praxisbeispiele für die Reduzierung des EP

- Auf der Baustelle vorhandene Großgeräte, Gerüste usw. werden für eine Mehrmenge eingesetzt; es entfällt der Kostenbestandteil „An- und Abtransport der Geräte bzw. Gerüste".
- Die Mengenerhöhung ist so rechtzeitig bekannt, dass günstigere Einkaufspreise erzielt werden können.
- Der anteilige Produktivitätsverlust durch Einarbeitung wird prozentual kleiner (schwer nachweisbar).

Grundsätze

- Abzuziehen sind nur die schon gedeckten Kosten.
- AGK, zeitabhängige BGK, Wagnis und Gewinn sind für die Mehrmengen zu vergüten.

Beispiel für die Reduzierung des Einheitspreises bei Mehrmengen:
(z.B. bei längerem Einsatz von Großgeräten)

RICHTIG	Grundlage des Vertrages	tatsächliche Ausführung <u>ohne</u> Anordnung des AG aber dem Verlangen des AG zur Reduzierung des EP + Abrechnung
Menge und Einheit	100 m²	140 m²
Preis je Einheit	100,- €/m²	bis 110 m² Menge: 100,- €/m²
neuer Einheitspreis für Mehrmengen über 110 % (z.B. Abzug der einmaligen zeitunabhängigen Baustellen-einrichtungskosten von 10 €/m²)		90,- € / m²
Abrechnung		110 m² x 100,- €/m² = 11.000,- € + 30 m² x 90,- €/m² = 2.700,- €
Gesamtpreis		13.700,- €
Zusätzliche Überdeckung des Unternehmers bis zur 110 % -Grenze		10 €/m² x 10 m² = 100 €

Bis zur Grenze von 110 % hat der Unternehmer damit eine (im Regelfall geringfügige) Überdeckung der AGK und BGK.

Zusammenfassung der Entwicklung der Kostenbestandteile bei Mehrmengen > 110 %

Kostenbestandteil	Vergütung	wann
Einzelkosten der Teilleistung	ja	Regelfall [5]
Gemeinkosten der Baustelle	ja / nein	zeitabhängige bzw. leistungsabhängige Kosten ja
Allgemeine Geschäftskosten	ja	immer
Wagnisse (betriebsbezogene und leistungsbezogene)	ja	immer
Gewinn	ja	immer

Unveränderter EP

Praxisbeispiel für einen unveränderten EP

- Die notwendigen Mehrmengen für Spachtelarbeiten führen zu keinerlei Einsparungen beim AN. Die Deckung der AGK im Unternehmen muss durch diese Arbeiten anteilig erreicht werden, da der Unternehmer die Arbeitskräfte nicht anderweitig einsetzen kann.

[5] Regelfall bedeutet, dass in besonderen Fällen, von der Aussage in Spalte 2 abgewichen werden kann.

Erhöhung des EP

Praxistipp

Im Bauunternehmen sollte bei Mehrmengen genau geprüft werden, ob durch die Mehrmengen tatsächlich eine Kostenreduzierung erreicht wird. Mitunter ist der Aufwand bei einer Mehrmenge sogar größer. Hier muss der höhere Vergütungsanspruch rechtzeitig (möglichst bei Erreichen der Mengengrenze von 110 %) angemeldet werden. Höhere EP können sich auch ergeben, wenn aufgrund extrem unsorgfältiger Planung das ursprüngliche Bau-Soll nicht mehr existiert und eine Fortschreibung der Kalkulationsansätze unbillig wäre.

Praxisbeispiele für die Erhöhung des Einheitspreises bei Mehrmengen

- Die ursprünglich kalkulierte einzubauende Bodenmenge stand auf der Baustelle zur Verfügung. Für die Mehrmenge ist ein zusätzlicher Antransport notwendig.
- Für die Mehrmenge gegenüber der kalkulierten Menge fallen höhere Beschaffungskosten an.
- In Kombination mit der Forderung zur Einhaltung des ursprünglichen Fertigstellungstermins sind zusätzlich Beschleunigungsmaßnahmen (z.B. Produktivitätsverlust aus Überstunden) notwendig. Dies könnte aber auch als separater „Bauzeitnachtrag“ gestaltet werden.

Beispiel für die Erhöhung des Einheitspreises bei Mehrmengen:

RICHTIG	**Grundlage des Vertrages**	**tatsächliche Ausführung ohne Anordnung des AG aber dem Verlangen des AN nach einem höheren EP + Abrechnung**
Menge und Einheit	100 m²	140 m²
Preis je Einheit	100,- €/m²	bis 110 m² Menge: 100,- €/m²
neuer Einheitspreis für Mehrmengen über 110 % (höherer Einkaufspreis des Materials, da für ursprünglich vorgesehene Menge ein Sonderpreis möglich war)		115,- € / m² **(tatsächlich erforderliche Kosten + angemessene Zuschläge)**
Abrechnung		110 m² x 100,- €/m² = 11.000,- € + 30 m² x 115,- €/m² = 3.450,- €
Gesamtpreis		14.450- €
Verlust des Unternehmers durch Festhalten am EP bis 110 %		15 €/m² x 10 m² = 150 €

Bis zur Grenze von 110 % hat der Unternehmer damit (im Regelfall) eine Unterdeckung der Kosten.

2.2.2 Vergütungsansprüche bei Mindermengen ohne Einwirkung des Auftraggebers

Für die Bestimmung der Vergütungsansprüche bei Mindermengen ist in der VOB/B eine eindeutige Regel enthalten:

> ***VOB/B § 2 Abs. 3***
>
> *:*
>
> *(3) Bei einer über 10 v.H. hinausgehenden Unterschreitung des Mengenansatzes ist auf Verlangen der Einheitspreis für die tatsächlich ausgeführte Menge der Leistung oder Teilleistung zu erhöhen, soweit der Auftragnehmer nicht durch Erhöhung der Mengen bei anderen Ordnungszahlen (Positionen) oder in anderer Weise einen Ausgleich erhält. Die Erhöhung des Einheitspreises soll im Wesentlichen dem Mehrbetrag entsprechen, der sich durch Verteilung der Baustelleneinrichtungs- und Baustellengemeinkosten und der Allgemeinen Geschäftskosten auf die verringerte Menge ergibt. Die Umsatzsteuer wird entsprechend dem neuen Preis vergütet.*

Damit ist klar geregelt, dass die **Einheitspreise** durch Umlage AGK und BGB auf die geringere Menge **erhöht** werden sollen.

Darüber hinaus ist eine zusätzliche Erhöhung des EP bei Mindermengen z.B. bei folgenden Situationen möglich

- Einkaufsrabatte werden nicht in kalkulierter Höhe gewährt,
- der Anteil des Produktivitätsverlustes für Einarbeitung ist höher (als Kalkulationselement für einen möglichen Vergleich).

Mindermengen bis 90 %

Ist die Mengenunterschreitung kleiner als 10 %, liegt der Verlust der anteiligen AGK und BGK in der Risikosphäre des Bauunternehmers.

Beispiel:

	Grundlage des Vertrages	**tatsächliche Ausführung + Abrechnung**
Menge und Einheit	100 m^2	92 m^2
Preis je Einheit	100,- €/m^2	bis 90 m^2 Menge: 100,- €/m^2
Abrechnung		92 m^2 x 100,- €/m^2 = 9.200,- €
Verlust (Risikosphäre) bei z.B. 30 % Gemeinkosten (insgesamt incl. Gewinnanteil)		8 m^2 x 100,- €/m^2 x 0,30 = 240,- €

Mindermengen kleiner 90 %

Für die Mindermengen kleiner als 90 % der Vertragsmenge steht dem Bauunternehmer ein höherer Einheitspreis zu. Diese Erhöhung des Einheitspreises dient der angemessenen Berücksichtigung der Gemeinkosten, des Gewinnanteiles und der allgemeinen Unternehmerwagnisse (des Gesamtunternehmens). Der nun vorzunehmende Rechengang erscheint auf den ersten Blick zwar etwas umständlich, hat aber den Vorteil einer einfachen und klaren Nachvollziehbarkeit.

Die VOB/B sieht vor:

1. Es ist **der Einheitspreis zu erhöhen** (nicht irgendein Zuschlag pauschal auf die Ausführungsmenge umzulegen).
2. Die Erhöhung des Einheitspreises soll dem Mehrbetrag entsprechen, der sich durch Verteilung der Baustelleneinrichtungs-, der Baustellengemeinkosten, der allgemeinen Geschäftskosten und der allgemeinen Unternehmerwagnisse des Gesamtunternehmens auf die verringerte Menge ergibt.

Beispiel (Unterschreitung um mehr als 10 %):

	Grundlage des Vertrages	**tatsächliche Ausführung + Abrechnung**
Menge und Einheit	100 m²	60 m²
Preis je Einheit darin enthalten z.B. 30 % für Baustelleneinrichtungskosten, Baustellengemeinkosten und allgemeine Geschäftskosten und Wagnisse des Gesamtunternehmens.	**100,- €/m²** = 30,- €/m²	Zusätzlich können ggf. höhere Materialkosten geltend gemacht werden, wenn mengenabhängige Einkaufsrabatte entfallen. Diese sind hier im Beispiel noch nicht aufgeführt.
produktive Kosten umzulegender Betrag (z.B. 30 %)	70,- €/m² x 100 m² 30,- €/m² x 100 m² = 3.000,- €	70,- €/m² x 60 m² = 4.200,- € 3.000,- €
Abrechnungssumme		7.200,- €
neuer Einheitspreis		7.200,- € : 60 m² = **120,- €/m²**
Abrechnung		**60 m² x 120,- €/m² = 7.200 €**

Mitunter wird für die Bestimmung des neuen EP folgende Formel vorgeschlagen:

$$EP_{neu} = EP_{alt} + \frac{U \times (M_{Soll} - M_{Ist})}{M_{Ist}}$$

mit
EP_{neu} = neuer Einheitspreis
EP_{alt} = alter Einheitspreis
U = Umlage (umzulegende Kosten)
M_{Soll} = Menge im Leistungsverzeichnis
M_{Ist} = ausgeführte Menge

für das o.a. Beispiel

$$100 + \frac{30 \times (100 - 60)}{60} = 120$$

Aus der Rechtsprechung (nach IBR)
Der Ausgleichsanspruch des Auftragnehmers aus § 2 Abs. 3 Nr. 3 VOB/B umfasst auch die infolge der Mengenminderung entstandene Unterdeckung des auf die betreffende Position des Leistungsverzeichnisses entfallenden Gewinnanteils.
OLG Brandenburg, Urteil vom 16.10.2019 - 4 U 80/18

„Nullmenge"

Eine lange Diskussion über das Vorgehen bei der Reduzierung der Menge auf „0" ohne Einwirkung des Auftraggebers wurde durch ein Urteil des BGH[6] beendet. Danach ist die Abrechnungssumme aus den anteiligen Baustellengemeinkosten, allgemeinen Geschäftskosten und dem entgangenen Gewinn (einschließlich der Wagnisse des Gesamtunternehmens) zu bilden.

Auszug aus : Dittler; Nachträge und Nachtragsprüfung, Werner Verlag 2013
„ Die in der Literatur erörterte Frage, wie im Null-Mengen-Fall abzurechnen ist, ob als Vergütungsanspruch nach freier Kündigung (§ 8 Abs. 1 VOB/B, § 648 BGB), als Vergütungsanspruch nach Selbstübernahme (§ 2 Abs. 4 VOB/B), als Vergütungsanspruch aus angeordneter Leistungsänderung (§ 2 Abs. 5 VOB/B) oder als zufällige Mengenänderung (§ 2 Abs. 3 VOB/B), hat der Bundesgerichtshof im Jahr 2012 geklärt. Die Antwort: Entspricht der Sachverhalt dem in § 2 Abs. 3 Nr. 3 VOB/B geregelten Fall der Äquivalenzstörung durch Mengenminderung, ist in ergänzender Auslegung § 2 Abs. 3 Nr. 3 VOB/B anzuwenden. Weder die Regeln der freien Kündigung sind im Sonderfall "Nullposition" anwendbar, noch jene der Selbstübernahme. …"

[6] BGH, Urteil vom 26.01.2012 - VII ZR 19/11

Zitiertes Urteil

1. In ergänzender Auslegung eines VOB/B-Einheitspreisvertrags kann der Auftragnehmer eine Vergütung für ersatzlos entfallene Leistungspositionen (Nullpositionen) nach Maßgabe des § 2 Nr. 3 Abs. 3 VOB/B verlangen, wenn ein Fall der vom Regelungsgehalt dieser Vertragsklausel erfassten Äquivalenzstörung vorliegt.
2. In der Ausgleichsberechnung nach § 2 Nr. 3 Abs. 3 VOB/B sind auch Leistungsänderungen und zusätzliche Leistungen zu berücksichtigen.

BGH, Urteil vom 26.01.2012 - VII ZR 19/11 (nach IBR)

Beispiel	**Grundlage des Vertrages**	**tatsächliche Ausführung + Abrechnung**
Menge und Einheit	100 m²	0 m²
Preis je Einheit darin enthalten z.B. 30 % für Baustelleneinrichtungskosten, Baustellengemeinkosten und allgemeine Geschäftskosten und Gewinn **(ohne Wagnisse)**	100,- €/m² = 30,- €/m²	
Vom AG zu erstattender Betrag (z.B. 30 % insgesamt)	30,- €/m² x 100 m² = 3.000,- €	3.000,- €
Projektbezogene Wagnisse und Wagnisse des Gesamtunternehmens insgesamt 5 % des Preises (= 5,- €/ m²) aufgeteilt davon zu 20% leistungsbezogenes Wagnis, **80 % allgemeines Unternehmenswagnis**	Vom AG zu erstattendes Allgemeines Unternehmenswagnis 4,- €/m2 x 100 m2 = 400,- €	400,- €
Abrechnungssumme		**3.400,- €**

Zusammenfassung der Entwicklung der Kostenbestandteile bei Mindermengen < 90 %

Kostenbestandteil	**Vergütung für die nicht ausgeführte Menge**	**wann**
Einzelkosten der Teilleistung	nein	Regelfall [7]
Gemeinkosten der Baustelle	ja	Regelfall
Allgemeine Geschäftskosten	ja	immer
Wagnis des Gesamtunternehmens	ja	immer
leistungsbezogenes Wagnis	entfällt ggf.	abhängig von Art
Gewinn	ja	immer

[7] Regelfall bedeutet, dass in besonderen Fällen, von der Aussage in Spalte 2 abgewichen werden kann.

2.2.3 Mehrmenge aufgrund von Anordnungen des AG

Für Mengenänderungen durch Anordnung des Auftraggebers gelten die Regeln des § 2 Abs. 3 Nr. 2 und 3 **nicht**, obwohl sie in der Praxis auch häufig hierfür angewendet werden. Damit gibt es auch keinen Bereich zwischen 90 % und 110 % der Ausführungsmenge für die der vereinbarte Einheitspreis konstant bleibt. Die „Bezugsgröße“ für einen neuen Einheitspreis ist nun 100 % der vertraglich vereinbarten Menge.

Für die angeordnete Mehrmenge gilt die Regel aus VOB/B § 2 Abs. 6 Nr. 2

> ***VOB/B § 2 Abs. 6***
> *2. Die Vergütung bestimmt sich nach den Grundlagen der Preisermittlung für die vertragliche Leistung und den besonderen Kosten der geforderten Leistung. …*

Für die Grundlagen der Preisermittlung für die vertragliche Leistung werden hier die Einzelkosten der Teilleistung (EKT) schematisch als „Schichten“ in einem Balken des Ablaufplanes (Balkendiagramm) dargestellt.

vertragliches Soll

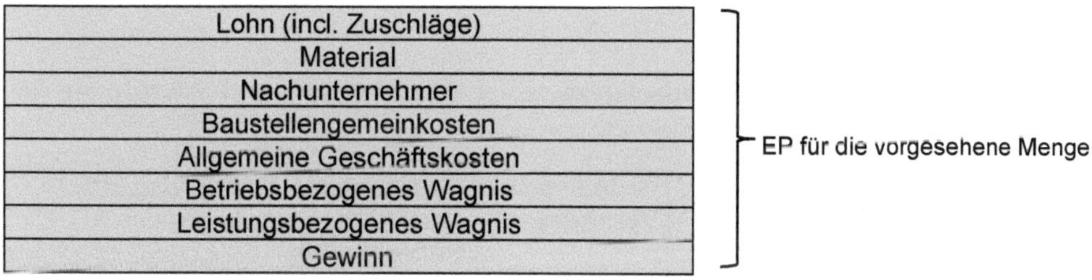

Auf dieser Grundlage sind drei Entwicklungen möglich:

- der Einheitspreis bleibt konstant,
- der Einheitspreis erhöht sich,
- der Einheitspreis sinkt.

100 % der Vertragsmenge▶	angeordnete Mehrmenge	Kalkulationsansatz z.B.
Lohn (incl. Zuschläge)		im Regelfall Fortschreibung
Material		einfache Mehrmenge zu konstantem Preis oder höherer Preis wegen Wegfall von Rabatten
Nachunternehmer	wird häufig mit einfacher Fortschreibung zufrieden sein	könnte jedoch gleiche Rechnung erstellen wie diese des AN
Baustellengemeinkosten		längeres Vorhalten des Gerüstes in der Pos. + als Bauzeitnachtrag
Allgemeine Geschäftskosten	**hier** immer % auf die Mehrmenge	
Betriebsbezogenes Wagnis		
Leistungsbezogenes Wagnis		
Gewinn		

„alter EP“ **ggf. höherer EP ab 100% (Nachtrag)**

Beispiel für die Erhöhung des Einheitspreises bei Mehrmengen durch Anordnung des AG:

RICHTIG	Grundlage des Vertrages	tatsächliche Ausführung aufgrund der Anordnung des AG + Abrechnung
Menge und Einheit	100 m^2	140 m^2
Preis je Einheit	100,- €/m^2	bis 100 m^2 Menge: 100,- €/m^2
neuer Einheitspreis für Mehrmengen über 100 % (höherer Einkaufspreis des Materials, da für ursprünglich vorgesehene Menge ein Sonderpreis möglich war)		115,- € / m^2
Abrechnung		100 m^2 x 100,- €/m^2 = 10.000,- € + 40 m^2 x 115,- €/m^2 = 4.600,- €
Gesamtpreis		14.600- €

Würde man **fälschlicherweise** die „110 %-Regel“ der VOB/B ansetzen ergäbe sich

FALSCH	Grundlage des Vertrages	tatsächliche Ausführung aufgrund der Anordnung des AG + Abrechnung
Menge und Einheit	100 m²	140 m²
Preis je Einheit	100,- €/m²	bis ***110*** m² Menge: 100,- €/m²
neuer Einheitspreis für Mehrmengen über ***110 %*** (höherer Einkaufspreis des Materials, da für ursprünglich vorgesehene Menge ein Sonderpreis möglich war)		115,- € / m²
Abrechnung		***110*** m² x 100,- €/m² = 11.000,- € + ***30*** m² x 115,- €/m² = 3.450,- €
Gesamtpreis		14.450- €

Der Unternehmer verlöre also in dieser Position 150,- € nur aufgrund des falschen Abrechnungsansatzes.

Beispiel für einen reduzierten Einheitspreis für Mehrmengen (VOB/B-Vertrag – 110 % Regel trotz Anordnung)

> **Besonderheit aus der Rechtsprechung**
> Durch die Anordnung des AG, darf dem AN der Vorteil eines höheren EP nicht durch Anwendung der 110% - Regel der VOB/B verloren gehen. Sonst würde der AG jede Änderung der Menge (aus dem Vertrag heraus) mit einer kurzfristigen Anordnung verbinden.

RICHTIG		Grundlage des Vertrages	tatsächliche Ausführung aufgrund der Anordnung des AG + Abrechnung
Menge und Einheit		100 m²	140 m²
Preis je Einheit		100,- €/m²	**bis 110 m² Menge: 100,- €/m²**
neuer Einheitspreis fur Mehrmengen über 110 %			90,- € / m²
Abrechnung			110 m² x 100,- €/m² = 11.000,- € + 30 m² x 90,- €/m² = 2.700,- €
Gesamtpreis			13.700,- €

		angeordnete ►Mehrmenge	Kalkulationsansatz z.B.
Lohn (incl. Zuschläge)			
Material			
Nachunternehmer			
Baustellengemeinkosten			z.B. Reduzierung der zeitunabhängigen BGK
Allgemeine Geschäftskosten			je nach Vertrag
Betriebsbezogenes Wagnis			
Leistungsbezogenes Wagnis			
Gewinn			

„alter EP“ bis 110 % **niedrigerer EP ab 110%**

würde man fälschlicherweise die „110 %-Regel“ der VOB/B **nicht** ansetzen ergäbe sich

FALSCH	**Grundlage des Vertrages**	**tatsächliche Ausführung aufgrund der Anordnung des AG + Abrechnung**
Menge und Einheit	100 m²	140 m²
Preis je Einheit	100,- €/m²	bis ***100*** m² Menge: 100,- €/m²
neuer Einheitspreis für Mehrmengen über ***100 %***		90,- € / m²
Abrechnung		***100*** m² x 100,- €/m² = 10.000,- € + ***40*** m² x 90,- €/m² = 3.600,- €
Gesamtpreis		13.600,- €

Der Unternehmer verlöre also in dieser Position 100,- € nur aufgrund des falschen Abrechnungsansatzes.

2.2.4 Mengenminderung aufgrund von Anordnungen des AG (Teilkündigung bzw. Wegfall einer Leistung)

Die Anordnung des AG zu einer Reduzierung der Mengen sind wie eine Teilkündigung zu behandeln. In der VOB/B ist dazu geregelt:

> *VOB/B § 8 Kündigung durch den Auftraggeber*
> *(1)*
> *1. Der Auftraggeber kann bis zur Vollendung der Leistung jederzeit den Vertrag kündigen.*
> *2. Dem Auftragnehmer steht die vereinbarte Vergütung zu. Er muss sich jedoch anrechnen lassen, was er infolge der Aufhebung des Vertrags an Kosten erspart oder durch anderweitige Verwendung seiner Arbeitskraft und seines Betriebs erwirbt oder zu erwerben böswillig unterlässt (§ 648 BGB).*

Hier wird u.a. auch direkt Bezug auf das BGB genommen.

Das BGB sieht analog vor:

> ***BGB § 648 Kündigungsrecht des Bestellers***
> *Der Besteller kann bis zur Vollendung des Werkes jederzeit den Vertrag kündigen. Kündigt der Besteller, so ist der Unternehmer berechtigt, die vereinbarte Vergütung zu verlangen; er muss sich jedoch dasjenige anrechnen lassen, was er infolge der Aufhebung des Vertrages an Aufwendungen erspart oder durch anderweitige Verwendung seiner Arbeitskraft erwirbt oder zu erwerben böswillig unterlässt.*
> *Es wird **vermutet**, dass danach dem Unternehmer **5 vom Hundert der auf den noch nicht erbrachten Teil der Werkleistung entfallenden Vergütung** zustehen.*

Hieraus ergeben sich zwei Möglichkeiten der Abrechnung

- Vergütung der vereinbarten Leistung abzüglich ersparter Aufwendungen oder
- 5 % der vereinbarten Vergütung für die entfallene Leistung (Vermutungsregel).

vertragliches Soll

Lohn (incl. Zuschläge)
Material
Nachunternehmer
Baustellengemeinkosten
Allgemeine Geschäftskosten
Betriebsbezogenes Wagnis
Leistungsbezogenes Wagnis
Gewinn

1. Vergütung der vereinbarten Leistung abzüglich ersparter Aufwendungen

Teilkündigung ⇓

Lohn (incl. Zuschläge)		+ Umsetzen
Material	?????	
Nachunternehmer (sinngemäß wie eigener Auftrag)		
Baustellengemeinkosten		zeitabhängige Vorhaltekosten
Allgemeine Geschäftskosten		
Betriebsbezogenes Wagnis		
Leistungsbezogenes Wagnis		
Gewinn		

⇐ **„Rechenrichtung"**

2. „5 % - Vermutungsregel"

Teilkündigung ⇓

Lohn (incl. Zuschläge)		**davon 5 %**
Material		
Nachunternehmer		
Baustellengemeinkosten		
Allgemeine Geschäftskosten		
Betriebsbezogenes Wagnis		
Leistungsbezogenes Wagnis		
Gewinn		

1. a. Teilkündigung einer Position insgesamt ohne dass Kosten für den nicht ausgeführten Teil beim AN entstanden sind und die Baustellengemeinkosten unabhängig von der gekündigten Position vollständig anfallen

Teilkündigung einer Position insgesamt	**Grundlage des Vertrages**	**tatsächliche Ausführung + Abrechnung**
Menge und Einheit	100 m^2	0 m^2
Preis je Einheit darin enthalten 30 % für Baustelleneinrichtungskosten, Baustellengemeinkosten, allgemeine Geschäftskosten und Gewinn (ohne Wagnisse)	100,- €/m^2 = 30,- €/m^2	
zu erstattender Betrag: Baustelleneinrichtungskosten, Baustellengemeinkosten, allgemeine Geschäftskosten und Gewinn (insgesamt)	30,- €/m^2 x 100 m^2 = 3.000,- €	3.000,- €
Wagnisse: 5 % des Preises aufgeteilt; davon **leistungsbezogenes** Wagnis 20%, 80 % allgemeines betriebsbezogenes Unternehmerwagnis	Allgemeines betriebsbezogenes Unternehmerwagnis 4,- €/m^2 x 100 m^2 = 400,- €	400,- €
Abrechnungssumme		3.400,- €

2.a. Abrechnung des o.a. Beispiels 1.a nach der „Vermutungsregel" des § 648 BGB (s.a. VOB/B § 8 Abs. 1 Nr. 2) ohne dass Kosten im Unternehmen entstehen (auch keine Baustellengemeinkosten)

Teilkündigung einer Position insgesamt	**Grundlage des Vertrages**	**tatsächliche Ausführung + Abrechnung**
Menge und Einheit	100 m^2	0 m^2
Preis je Einheit	100,- €/m^2	
Auftragssumme	100 m^2 x 100,- €/m^2 = 10.000,-€	davon 5 %
Abrechnungssumme		500,- €

Bei Abrechnung nach der „Vermutungsregel verliert der Unternehmer hier 2.900,- €.

1.b. Teilmengen bis zur Kündigung erbracht, keine produktiven Kosten für die nicht ausgeführten Leistungen

Teilkündigung einer Menge in einer Position	**Grundlage des Vertrages**	**tatsächliche Ausführung + Abrechnung**
Menge und Einheit	100 m²	10 m²
Preis je Einheit darin enthalten 30 % für Baustelleneinrichtungskosten, Baustellengemeinkosten, allgemeine Geschäftskosten und Gewinn (ohne Wagnisse)	100,- €/m² = 30,- €/m²	
umzulegender Betrag: Baustelleneinrichtungskosten, Baustellengemeinkosten, Allgemeine Geschäftskosten und Gewinn (insgesamt)	30,- €/m² x 100 m² = 3.000,- €	3.000,- €
Wagnisse: 5 % des Preises aufgeteilt; davon **leistungsbezogenes** Wagnis 20%, 80 % allgemeines betriebsbezogenes Unternehmerwagnis	Allgemeines Unternehmerwagnis 4,- €/m² x 100 m² = 400,- €	400,- €
leistungsbezogener Wagnisanteil für **ausgeführte** Leistung	1,- €/m² x 10 m² =	10,- €
produktive Kosten der erbrachten Leistung (Lohn und Material)		65,- €/m² x 10 m² = 650,- €
Abrechnungssumme		**4.060,- €**

Es muss hier kein neuer EP gebildet werden wie im Falle des § 2 Abs. 3 VOB/B

2. b Abrechnung der Situation 1.b nach der „Vermutungsregel" des § 648 BGB

Teilkündigung einer Menge in einer Position	**Grundlage des Vertrages**	**tatsächliche Ausführung + Abrechnung**
Menge und Einheit	100 m²	10 m²
Preis je Einheit	100,- €/m²	
Abrechnung der ausgeführten Menge		10 m² x 100,- €/m² = 1.000,-€
Gesamtpreis der nicht ausgeführten Menge	90 m² x 100,- €/m² = 9.000,-€	
davon 5%		450,- €
Abrechnungssumme		1.450,- €

Bei Abrechnung nach der Vermutungsregel verliert der Unternehmer hier 2.610,- €

2.3 Zusätzliche notwendige Leistung

Für zusätzliche Leistungen ist in der VOB/B geregelt:

> ***VOB/B § 1 (4)*** *Nicht vereinbarte Leistungen, die zur Ausführung der vertraglichen Leistung* ***erforderlich werden, hat der Auftragnehmer auf Verlangen des Auftraggebers mit auszuführen, außer wenn sein Betrieb auf derartige Leistungen nicht eingerichtet ist. Andere Leistungen können dem Auftragnehmer nur mit seiner Zustimmung übertragen werden.***

Der Text der VOB/B sieht zwei verschiedene Arten von zusätzlichen Leistungen vor:

- zur Ausführung der vertraglichen Leistung **erforderliche Leistungen** (mit der Besonderheit, dass der Betrieb des Auftragnehmers darauf eingerichtet ist). Man könnte sie auch als **„notwendige Leistungen"** bezeichnen.
- **andere Leistungen** die nur mit Zustimmung durch den Auftragnehmer auf diesen übertragen werden können. Diese Zustimmung kann der Auftragnehmer von einer Einigung über den Preis abhängig machen, ohne dass dies explizit genannt ist. Man könnte diese Leistungen auch als **„nicht notwendige Leistungen"** bezeichnen.

Und zur Vergütung ist dann geregelt:

> ***VOB/B § 2*** *(6) 1. Wird eine im Vertrag nicht vorgesehene Leistung gefordert, so hat der Auftragnehmer Anspruch auf besondere Vergütung.* ***Er muss jedoch den Anspruch dem Auftraggeber ankündigen, bevor er mit der Ausführung der Leistung beginnt.***
> *2. Die Vergütung bestimmt sich nach den Grundlagen der Preisermittlung für die vertragliche Leistung und den besonderen Kosten der geforderten Leistung. Sie ist möglichst vor Beginn der Ausführung zu vereinbaren.*

Frühere Kalkulation (bis Juli 2018):
Nach dem Wortlaut der VOB/B sind zunächst die **„Grundlagen der Preisermittlung"** heranzuziehen (und ergänzend falls diese nicht zur Preisbestimmung genügen) die „besonderen Kosten der geforderten Leistung". Damit sollte eine Preisbildung unabhängig vom Vertrag vermieden werden.[8] Der scheinbare baubetriebliche Widerspruch, dass hier Preise und Kosten miteinander vermischt werden kann dadurch aufgelöst werden, indem die besonderen Kosten, die sich nicht aus den Grundlagen der Preisermittlung ableiten lassen, mit den Zuschlägen für Allgemeine Geschäftskosten, Wagnis und Gewinn aus dem Vertrag beaufschlagt werden. Entstehen außergewöhnliche Allgemeine Geschäftskosten oder Baustellengemeinkosten, die nicht mit den kalkulierten Sätzen abgedeckt werden, liegt es nach diesen Gedanken am Unternehmer, diese Kosten gesondert vorzutragen.

Diese hier beschriebene, sogenannte „vorkalkulatorische Preisfortschreibung", wurde durch das KG, Urteil vom 10.07.2018 - 21 U 30/17 in Frage gestellt. Sinngemäß Urteilt der BGH mit Urteil vom 08.08.2019 für Mehrmengen (gem. § 2 Abs. 3 Nr. 2 VOB/B). Danach sind die Leistungsänderungen nach den **tatsächlichen** Kosten und angemessenen Zuschlägen für AGK, W+G zu kalkulieren, wenn keine Einigung über den Preis erzielt wird.

[8] Es ist fraglich, ob dies aufgrund der aktuellen Rechtsprechung noch zutreffend ist.

KG, Urteil vom **10.07.2018** - 21 U 30/17

1. Grundlage des Mehrvergütungsanspruchs aus § 2 Abs. 5 und 6 VOB/B sind die tatsächlichen Mehr- oder Minderkosten, die dem Unternehmer aufgrund der Leistungsänderung entstehen.
2. Die Preiskalkulation des Unternehmers ist nur ein Hilfsmittel bei der Ermittlung dieser Kostendifferenz. Im Streitfall kommt es nicht auf die Kosten an, die der Unternehmer in seiner Kalkulation angesetzt hat, sondern auf diejenigen, die ihm bei Erfüllung des nicht geänderten Vertrages tatsächlich entstanden wären.
3. Soweit der Unternehmer die Werkleistung durch einen Nachunternehmer erbringen lässt, liegen seine Mehrkosten in der Mehrvergütung, die er aufgrund einer Leistungsänderung an diesen entrichten muss, solange diese Mehrvergütung marktgerecht ist.
4. Übersteigt die einem Bauunternehmer zugesagte Vergütung die Kosten, die ihm durch die Vertragserfüllung tatsächlich entstehen, so dass er einen Zuschlag zur Deckung seiner allgemeinen Geschäftskosten und seines Gewinns erwirtschaftet, ist bei Ermittlung des Mehrvergütungsanspruchs nach § 2 Abs. 5 und 6 VOB/B der entsprechende Zuschlagsfaktor auch auf die änderungsbedingten Mehrkosten anzuwenden.
5. Auch bei der Ermittlung dieses Zuschlagsfaktors kommt es im Streitfall nicht auf den vom Unternehmer kalkulierten Wert, sondern den Faktor an, der in Anbetracht der tatsächlichen Kosten des Bauvorhabens und der Vergütungshöhe zutreffend ist.
6. Auch wenn die Vergütung des Unternehmers zur Deckung seiner Kosten nicht auskömmlich ist, beläuft sich sein Mehrvergütungsanspruch aus § 2 Abs. 5 und 6 VOB/B stets zumindest auf seine änderungsbedingten Mehrkosten zuzüglich eines angemessenen Zuschlags zur Deckung seiner allgemeinen Geschäftskosten und seines Gewinns.
7. Dieser angemessene Zuschlagsfaktor beträgt analog §§ 649 Satz 3 und 648a Abs. 5 Satz 3 BGB a.F. mindestens 100/95 = 20/19 = 1,0526.
8. Für Bauprozesse folgt hieraus: Ein Bauunternehmer hat seinen Mehrvergütungsanspruch aus § 2 Abs. 5 und 6 VOB/B jedenfalls in Höhe eines Sockelbetrages schlüssig dargelegt, wenn er die ihm durch die Leistungsänderung tatsächlich entstandenen Mehrkosten vorgetragen hat. Ist dies geschehen, muss der Unternehmer die Kalkulation seiner Vergütung nicht weiter darlegen.

Urteilsbeschreibung und Kommentierung aus IBR:

„Nach § 2 Abs. 5 VOB/B ist bei "Änderungen des Bauentwurfs" ein "neuer Preis unter Berücksichtigung der Mehrkosten" zu vereinbaren. Ausgangspunkt sind dabei somit die Mehrkosten (im Folgenden auch: "Kosten M" oder "M"), die dem Auftragnehmer (AN) durch die Leistungsänderung entstehen. Sie sind zu ermitteln durch einen Vergleich der Kosten, die dem AN bei Ausführung der ursprünglich vereinbarten Leistungen entstanden wären (im Folgenden auch: "Kosten alt", "Kosten A" oder "A"), mit den Kosten, die ihm durch die Leistungsänderung entstehen (im Folgenden auch: "Kosten neu", "Kosten N" oder "N"). **Es gilt also: M = N - A.** Bei den Kosten N handelt es sich um diejenigen Kosten, die dem AN tatsächlich aufgrund der Leistungsänderung entstanden sind, bei den Kosten A um diejenigen, die dem AN tatsächlich entstanden wären, wenn die Leistung nicht geändert worden wäre. Gibt die Kalkulation die tatsächlichen Kosten des AN nicht zutreffend wieder oder besteht hierüber Streit, kommt es für die Ermittlung der Mehrkosten nach der Formel M = N - A **nicht auf die kalkulierten, sondern die tatsächlichen Kosten** an.

Praxishinweis:

Die Zuschläge für AGK, Wagnis und Gewinn liegen in der Praxis deutlich über 5%. Sofern eine Urkalkulation vereinbarungsgemäß hinterlegt wurde, kann der Auftragnehmer gem. § 650c Abs. 2 Satz 1 BGB zur Berechnung der Nachtragshöhe auf die darin enthaltenen Ansätze zurückgreifen. Es wird vermutet, dass die kalkulierten Zuschläge angemessen sind (§ 650c Abs. 2 Satz 2 BGB). Das gilt, wenn man der Auffassung des KG folgt, auch im VOB-Vertrag..“ Stephan Bolz,

M = (N – A) x Zuschlag
M = Mehrkosten, N = Kosten „neu“, A = Kosten „alt“
Zuschlag:

- **mind. 5,26 % (bei Unterdeckung)**
- **oder in kalkulierter Höhe (bei gutem Preis)**

Welche Bedeutung hat die Urkalkulation nach dem Ende der vorkalkulatorischen Preisfortschreibung?

1. Bemessungsgrundlage des Mehrvergütungsanspruchs aus § 2 Abs. 5 und 6 VOB/B sind die tatsächlichen Mehr- oder Minderkosten, die dem Unternehmer aufgrund der Leistungsänderung entstehen, sofern die Parteien nichts Abweichendes vereinbart haben.*)
2. Die Preiskalkulation des Unternehmers ist nur ein Hilfsmittel bei der Ermittlung dieser Kostendifferenz. Im Streitfall kommt es **nicht** auf die Kosten an, die der Unternehmer in seiner Kalkulation angesetzt hat, sondern auf diejenigen, die ihm bei Erfüllung des nicht geänderten Vertrags tatsächlich entstanden wären.*)
3. **Allerdings dient die Kalkulation dazu, die Kosten anzugeben, die dem Unternehmer durch die Vertragsdurchführung entstehen.** Daraus folgt: Soweit die Kalkulation, auf die sich ein Unternehmer in einem Rechtsstreit bezieht, unstreitig bleibt, ist die von ihm auf dieser Grundlage errechnete Mehrvergütung im Zweifel auf Grundlage seiner tatsächlichen Mehrkosten ermittelt und also maßgeblich nach § 2 Abs. 5 und 6 VOB/B.*)

KG, Urteil vom 27.08.2019 - 21 U 160/18 *) amtliche Leitsätze (aus IBR)

Nachtragskalkulation nach VOB/B § 2 Abs.6

1. Bauvorhaben:
2. Nachtragsnummer (oder Sachverhalt) .....
3. Raum, Achse, Bereich: *räumliche Zuordnung genau vornehmen, da ggf. später die gleichen Arbeiten in anderen Räumen notwendig sind*
4. Ihre Anordnung vom ... / unsere Mehrkostenanmeldung vom ...
5. Sachverhalt *(kann auch Ursache und Inhalt sein)*
6. *Die geforderte Leistung ist weder nach dem geschlossenen Vertrag noch nach der Verkehrssitte (Nebenleistungen des Teiles C der VOB) geschuldet.*
7. Anspruchsgrundlage (Preisniveau): ....
8. Leistung: .....
9. *Es handelt sich um eine Mehrleistung, für die bereits ein Einheitspreis vereinbart wurde. / Es handelt sich um eine zusätzliche Leistung.*
10. Kalkulation:
    Auf der Grundlage der Auftragskalkulation kann festgestellt werden, dass
    - □ *der vereinbarte Einheitspreis beibehalten werden kann, da sich die Einzelkosten der Teilleistung nicht ändern,*
    - □ *der vereinbarte Einheitspreis erhöht werden muss, da folgende Einzelkosten der Teilleistung sich erhöhen .... und zwar um .... Damit ergeben sich folgende neuen Einheitspreise ...*
    - □ *ein neuer Preis auf der Grundlage vorhandener Ansätze zu bilden ist,*
    - □ *keine vergleichbaren Preiselemente vorhanden sind und deshalb der Preis aus den tatsächlich erforderlichen Kosten mit angemessenen Zuschlägen für allgemeine Geschäftskosten, Wagnis und Gewinn zu bilden ist.*
11. Änderungen anderer Leistungsteile:
    - □ Andere Leistungsteile sind von diesem Nachtrag nicht betroffen.
    - □ Folgende Leistungen ändern sich aufgrund der hier beschriebenen Leistung ... eine Kalkulation hierzu ist uns derzeit noch nicht möglich.
    - □ folgende Leistungen entfallen ...

Unter „notwendig“ wird hier verstanden, dass die Leistung notwendig ist, um

- die vertraglich vorausgesetzte **Funktion** zu erfüllen / **den vorgesehenen Werkerfolg** herbeizuführen und bei der Ausschreibung **vergessen** wurde (Fehlerkorrektur durch Anordnung),
- **Mängel** zu vermeiden,
- den vorgesehenen **Fertigstellungstermin** einzuhalten[9].

Zusätzlich kann sich eine „Notwendigkeit“ (aus baubetrieblicher Sicht) aus **Funktions- und Gestaltungsänderungen** ergeben, die mitunter schwieriger abzugrenzen sind.
Beispiele:

1. Wünscht der AG nach Vertragsabschluss eine Garage im Keller eines Einfamilienhauses, kann diese Funktionsänderung vernünftigerweise nur vom AN erbracht werden, der auch das übrige Bauwerk errichtet. Hier müsste man das Anordnungsrecht des AG akzeptieren.
2. Wünscht der AG nach Vertragsabschluss eine Garage auf dem Grundstück, die keinerlei Bezug zum vertraglich zu errichtenden Eigenheim hat, besteht hier keine Notwendigkeit. Dieser Fall ist durch das Anordnungsrecht einer notwendigen Leistung nicht gedeckt.

Der Unternehmer hat bei zwingend notwendigen Leistungen und fehlender Einigung über die Vergütung zunächst kein Recht die Arbeiten einzustellen. Mitunter ist in der Tagespraxis auch gar nicht klar, ob die geforderte Leistung nicht ohnehin durch den Vertrag geschuldet ist und es sich nur um eine Konkretisierung des Vertrages handelt. Der Unternehmer sollte aber unmissverständlich (schriftlich) deutlich machen, dass es auf der zusätzlichen Vergütung besteht.

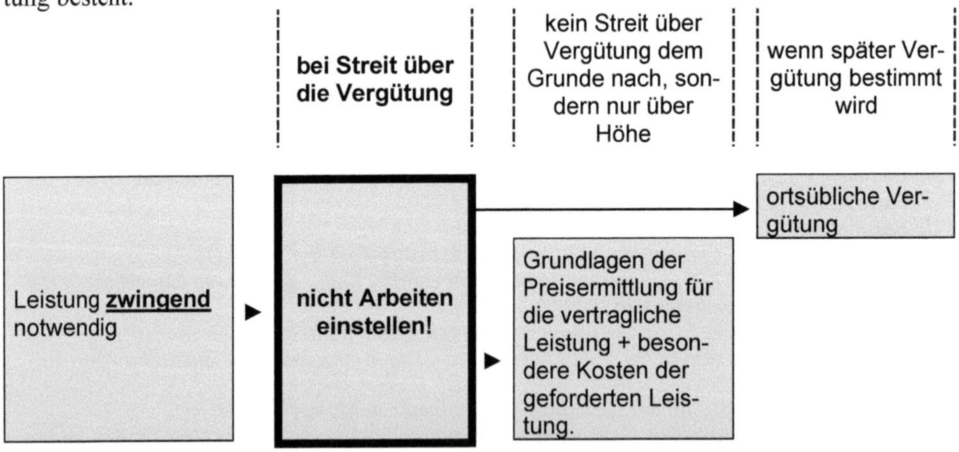

[9] wird z.T. kontrovers diskutiert; betrifft vor allem die Anordnung von Beschleunigungen nach Behinderung der Bauarbeiten.

1. Auch wenn der Auftraggeber die Ausführung einer nicht beschriebenen, aber technisch zwingend notwendigen Zusatzleistung nicht gem. § 1 Abs. 4 VOB/B verlangt hat, steht dem Auftragnehmer für die Ausführung einer solchen Leistung ein Anspruch auf besondere Vergütung nach § 2 Abs. 6 VOB/B zu.
2. **In der Übersendung eines Nachtragsangebots liegt die für einen Anspruch auf zusätzliche Vergütung erforderliche Ankündigung.**
OLG Hamm, Urteil vom 13.07.2017 - 24 U 117/16; BGH, Beschluss vom 10.07.2019 - VII ZR 209/17 (aus IBR)

Soll die Kalkulation auf der Grundlage der Preisermittlung für die vertragliche Leistung erfolgen, sind zwei Varianten denkbar:

- angeordnete Leistung für die es nur teilweise vergleichbare Preiselemente gibt,
- angeordnete Leistung für die es keine vergleichbaren Preiselemente gibt.

Darüber hinaus wäre es denkbar, dass der Auftragnehmer aufgrund der Anordnung das Leitbild des BGB nutzt. Insbesondere dann, wenn der Auftraggeber Eingriffe in die VOB/B vorgenommen hat und nun die einzelnen Regelungen der VOB/B der Inhaltskontrolle des AGB-Rechts unterzogen werden. Dann wäre das Leitbild des BGB §§ 650 b + c zu nutzen.

Angeordnete notwendige Leistung für die es nur teilweise vergleichbare Preiselemente gibt

Soll auf den Grundlagen der Preisermittlung für die vertragliche Leistung aufgebaut werden, sind alle Gedanken und Werte, die sich aus der vorhandenen Kalkulation nutzen lassen, auf den neuen Fall zu übertragen.
Beispiele für die **Grundlagen der Preisermittlung** für die vertragliche Leistung, die für die Kalkulation genutzt werden können:

- Gerätekosten bei Einsatz des bereits kalkulierten Gerätes für die zu kalkulierende Leistung,
- Prozentuale Reduzierung der Gerätekosten gegenüber den BGL-Sätzen,
- Mittellohn der Kolonne bei gleicher Kolonnenzusammensetzung.

Beispiele für **besondere Kosten** der geforderten Leistung

- Die Leistung kann (darf) nicht von den auf der Baustelle anwesenden Mitarbeitern ausgeführt werden, da dafür eine besondere Sachkunde notwendig ist. Es ist ein neuer Mittellohn zu bestimmen.
- Gerätekosten eines beim AN nicht vorhandenen Gerätes, das für die zu kalkulierende Leistung zusätzlich angemietet werden muss.
- Es sind zusätzliche Unterlagen durch den AN zu erstellen.

Beispiel:
Zusätzlich, muss aufgrund einer Anweisung der Bauaufsichtsbehörde eine Gipskartonwand als seitliche Fluchtwegbegrenzung mit einem Feuerwiderstand von F90 eingebaut werden, **die vorher nicht vorgesehen war**. Alle anderen Wände sind einfach beplankte Gipskarton-Ständerwände. Für die Durchgänge von Kabeln und Rohrleitungen sind aufgrund der späteren Belegungsmöglichkeit Kabelboxen in die Wand mit erhöhtem Feuerwiderstand einzubauen.

Bleibende Grundlagen der Preisermittlung

- Einkaufspreise für Material (bezogen auf das Grundmaterial: Gipskarton und Ständer sowie Kleinmaterial)
- umsatzbezogene AGK

Besondere Kosten der geforderten Leistung

- Einkaufspreis für die Kabelboxen
- Veränderung der Kolonnenzusammensetzung (mindestens ein Mitarbeiter mit entsprechender Qualifikation) und damit Erhöhung des Mittellohnes
- erhöhter interner Kontrollaufwand und damit Erhöhung der BGK (Polier/Bauleiter)

Zusätzlicher Einbau einer Trennwand (50 m²) mit einem erhöhten Feuerwiderstand und hohem Installationsgrad

	vergleichbare Ansätze im Vertrag für einfach beplankte Ständerwand	**abgeleitete Kostenansätze für Wand F 90**
Beplankungsmaterial	5 €/m² für die anderen Trockenbauwände (bei beidseitiger einfacher Beplankung) 10,00 €/m²	beidseitige zweifache Beplankung 20,00 €/m² 12 % Zulage für zusätzlichen Materialbedarf für Fugenausbildung, Verkleidung Elt-Dosen. 2,40 €/m²
CW-Profile	CW 50 = 1,19 €/m	CW 100 = 1,53 €/m (Herstellerliste)
Kolonnenzusammensetzung	geplant zwei Facharbeiter	neu: anstelle zweier Facharbeiter nun zwei Spezialfacharbeiter Mehrkosten 2 x 1,40 €/h auf der Grundlage der Tariflöhne
Zeitaufwand (beide Werte ohne Kalkulationsnachweis aus Herstellerdokumentation)	46 Min. / m² für einfach beplankte Ständerwand	65 Min. /m² Bestimmung auch über Zeitniveaufaktor möglich
AGK,	12 % auf EKT (außer Lohn) 18 % auf Lohn	12 % auf EKT (außer Lohn) 18 % auf Lohn
W+G	6 % auf alle EKT	6 % auf alle EKT
BGK	13 % auf alle EKT	13 % auf alle EKT
		Besondere Kosten der geforderten Leistung
Elt. Dosen	keine Angaben	Einzelaufwand für Einbau der Elt. – Dosen mit 8,00 €/ Stck. abgeleitet aus dem Vergleichskatalog des Herstellers
Kabelbox F 90,	keine Vergleichszahlen	Händlerangebot 110,- €/Stck
Kleinmaterial		Zuschlag für längere Schrauben und zusätzliche Befestigung 1,35 €/m² Fläche, beidseitig 2 x 1,35 €/m² = 2,70 €/m²

	Bei „Fortschreibung" des Preisniveaus des Auftrages abgeleitete Kostenansätze für Wand F 90	Mit Begründung der **„besonderen Kosten der geforderten Leistung"**
Material		
Gipskarton, CW und UW-Profile, Stahlblecheinlage	kalkuliert mit 20 % Mengenrabatt auf die Händlerliste	Übernahme der Preise aus der Händlerliste, da die Rabatte, die für einfach beplankte Wand gewährt wurden, für die Kleinmengen des geänderten Materials nicht gewährt werden.
Lohnkosten	• geplant zwei Facharbeiter, • für F 90 Wand Mehrkosten 2 x 1,40 €/h	neu anstelle zweier Facharbeiter nun zwei Spezialfacharbeiter **für die gesamte Leistung**, da ein Wechsel der MA zusätzliche Kosten (Produktivitätsverluste durch Umsetzen und Einarbeitungsverluste) Mehrkosten 2 x 1,40 €/h auf der Grundlage der Tariflöhne
	Zeitaufwand (Werte ohne Kalkulationsnachweis aus Herstellerdokumentation) • 46 Min./m² für einfach beplankte Ständerwand • 65 Min. /m² für doppelte Beplankung	**Umrechnung Zeitaufwandswert für F90** Interne objektspezifische Kalkulation aufgrund der vorgefundenen Baustellenverhältnisse: 56 Min/m² daraus ergibt sich ein Niveaufaktor gegenüber dem Zeitaufwand für Tätigkeit ohne andere Gewerke auf der Baustelle und ab 1000 m² von 56/46 = 1,217 Aufwand für F 90: 65 Min/m² x 1,217= 79,13 Min = 1,32 Stunden/m²
Verlängerung der Vorhaltezeit der Baustelleneinrichtung	BE in einer Pos. kalkuliert einschl. Außengerüst.	Zeitabhängige BE-Kosten: 100 €/Tag 54 h : 2 MA á 8 h/Tag = 3,4 Tage = 340 €

Angeordnete notwendige Leistung für die es keine vergleichbaren Preiselemente gibt

Beispiele für die **Grundlagen der Preisermittlung** sind nun:

- Produktivität der eigenen MA im Vergleich zu Zeitaufwandstabellen,
- übliche Einkaufsrabatte für Material (in Abhängigkeit von der Menge),
- durchschnittliche prozentuale Reduzierung der Gerätekosten gegenüber den BGL-Sätzen.

Beispiele für **besondere Kosten** der geforderten Leistung

- Einsatz eines anderen Fertigungsverfahrens (damit völlig anderer Geräte, die ggf. nicht im Bestand des Unternehmers sind und gemietet werden müssen),
- Wegfall von Rabatten wegen Kleinmengen für die geforderte Leistung,
- Einsatz spezialisierter Nachunternehmer,
- zwischenzeitlich eingetretene Lohnerhöhungen und Materialpreissteigerungen für die zusätzlich geforderte Leistung.

Beispiel:
Bei der Sanierung eines Fachwerkhauses war es ursprünglich geplant, alle Verstärkungen und Erneuerungen in Holz auszuführen. Im Rahmen der Sanierung stellt sich heraus, dass ein Stahlträger zusätzlich eingebaut werden muss. Ansonsten waren keine Stahlträger oder Stahleinbauteile vorgesehen. Der Einbau erfolgt durch die auf der Baustelle tätige Kolonne.

Bleibende Grundlagen der Preisermittlung

- umsatzbezogene AGK
- umsatzbezogener Gewinn

Besondere Kosten der geforderten Leistung

- Einkaufspreis für den Stahlträger
- Zusätzliches Hebemittel für den Stahlträger
- Auflagerausbildung in Stahlbeton mit Verankerungsplatte
- Detailzeichnungen für die Anschlüsse (sollen vom AN gefertigt werden)

	vergleichbare Ansätze im Vertrag	neue Kostenansätze
AGK umsatzbezogen	16% auf Lohn 12 % auf Material 8 % auf Nachunterneh-mer	
W + G	5 % umsatzbezogen	
BGK umsatzbezogen	12 % auf Umsatz undifferenziert ohne Sonderausrüstungen	2 Stück Hebegerüste und 2 Kettenzüge für den Einbau der Stahlträger Leihgebühr einschl. An- und Abtransport: pauschal gem. Schlosserrechnung: **380,00 €**
Einkaufspreis für den Stahlträger (Material und Arbeit) und Balkenschuhe sowie Verankerungsplatte aus Stahl (NU-Leistung)		nicht vorgesehene Nachunternehmerkosten in tatsächlicher Höhe (im Bestreitensfalle Prüfung am ortsüblichen Preis), da keinerlei Vergleichskosten zum Holzbau bestehen. **2.348,60 €**
Vereinbarung zur Herstellung der Auflager auf Stundenlohnbasis		Die verbrauchten Stunden wurden wöchentlich dem AG nachgewiesen. insgesamt 6,3 Stunden á 22,00 €/h ohne Zuschläge = **138,60 €**
Nicht vorgesehene und vertraglich nicht geschuldete Detailzeichnung als Werkzeichnung vom NU- Stahlbau angefertigt zur Prüfung durch den AG		4,5 Techniker-Stunden x 65 €/h = **292,50 €**
Gesamtkosten NU		380,00 + 2348,60 + 292,50 = **3.021,10 €**
	8% AGK- Zuschlag auf NU-Kosten	**241,69 €**
Eigenleistung (Lohn)		**138,60 €**
	16 % AGK-Zuschlag auf Lohn	**22,77 €**
BGK, W + G (bezogen auf Umsatz auf der Basis der EKT)	12 % + 5 % = 17 %	Bezug: prod. Kosten gesamt 3.159,70 € **537,15 €**
	Zusammenfassung	prod. Kosten gesamt 3.159,70 € AGK- Zuschlag auf NU-Kosten 241,69 € AGK-Zuschlag auf Lohn 22,77 € BGK, W + G 537,15 €
Gesamtpreis (keine EP)		**3.961,31 €**

2.4 Leistungsänderung mit echter Wahlmöglichkeit

Die Vergütungsfolgen bei Leistungsänderung sind in der VOB/B in § 2 Abs. 5 beschrieben.

> ***VOB/B § 2 Vergütung***
> *(5) Werden durch Änderung des Bauentwurfs oder andere Anordnungen des Auftraggebers die Grundlagen des Preises für eine im Vertrag vorgesehene Leistung geändert, so ist ein neuer Preis unter Berücksichtigung der Mehr- oder Minderkosten zu vereinbaren. Die Vereinbarung soll vor der Ausführung getroffen werden.*

Für den Praktiker könnte man die Vorgehensweise nach § 2 Abs. 5 dahingehend interpretieren, dass eine Leistung **„anstelle"** einer vereinbarten Leistung ausgeführt wird.
Im Streit und der Literatur wird häufig darauf abgestellt, dass Absatz 5 kein Ankündigungserfordernis für die Vergütung enthält, während die Ankündigung in § 2 Abs. 6 ausdrücklich gefordert wird. Da in der Tagespraxis eine Unterscheidung zwischen Abs. 5 (kein Ankündigungserfordernis) und Abs. 6 (zwingendes Ankündigungserfordernis) nicht immer einfach ist, wird empfohlen

- grundsätzlich den veränderten Vergütungsanspruch anzumelden,
- mit einer vertretungsberechtigten Person des AG zu vereinbaren, dass die Abrechnung nach § 2 Abs. 5 erfolgt.

Beispiele für die Leistungsänderung mit echter Wahlmöglichkeit

1. **Alternativpositionen im Leistungsverzeichnis, für die bei Vertragsabschluss keine Vereinbarung (Auswahl) getroffen wurde,**
2. **nachträgliche Änderung einer vereinbarten Ausführung durch den AG, für die es im Angebot eine Alternativposition gibt,**
3. **Änderungswünsche vor Ausführung der Arbeiten (keine Einheitspreise für die gewünschte Ausführung),**
4. **Änderungswünsche während der Ausführung der Arbeiten,**
5. **Änderungswünsche nach Ausführung der Arbeiten.**

zu 1.: Alternativpositionen im Leistungsverzeichnis, für die bei Vertragsabschluss keine Vereinbarung (Auswahl) getroffen wurde.

Diese Variante ist eigentlich keine Leistungsänderung, sondern eine noch nicht erfolgte Klärung zur Ausführung. Da es für die Alternativposition auch einen Preis gibt, bedarf es keiner gesonderten Kalkulation. Hinsichtlich der Projektabwicklung hat der Unternehmer rechtzeitig (empfohlen nach Vertragsabschluss im Rahmen der Arbeitsvorbereitung) den Auftraggeber aufzufordern, sich für eine Variante zu entscheiden. Der Zeitpunkt der Aufforderung ergibt sich aus

- dem Ausführungszeitpunkt,
- minus Lieferzeit incl. Puffer (auch der GU als AG muss die derzeit üblichen Lieferzeiten nicht mehr kennen),
- minus Zeit im Unternehmen zum Einholen der Lieferanten- (bzw. NU-)angebote,

- minus angemessene Zeit beim Auftraggeber zur Entscheidung (einschl. ggf. Zeit für Beratung des AG zur Entscheidungsfindung).

Es ist also vom Ausführungszeitpunkt „rückwärts“ zu rechnen. Die Verpflichtung zur Bestimmung des Zeitpunktes für die Entscheidung des AG liegt beim AN, da auch ein erfahrener Auftraggeber nicht die Lieferzeiten für spezielle Materialien oder Bauteile kennen muss.

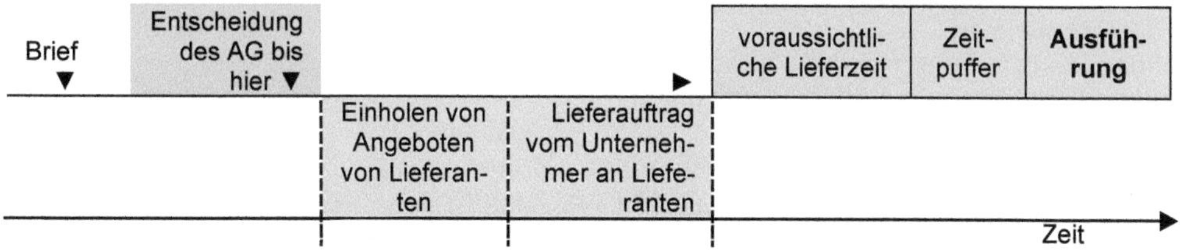

Noch fehlende Entscheidungen zu Alternativpositionen

Sehr geehrte Damen und Herren,
im Angebot vom ... sind für die Position(en) ... Alternativen angeboten worden. Bei Vertragsabschluss ist von Ihnen noch keine Entscheidung zur Ausführung der Grundposition oder einer alternativen Ausführung getroffen worden. Um einen störungsfreien Bauablauf zu gewährleisten, ist nun von Ihnen bis zum ... zu entscheiden, welche Art der Ausführung Sie wünschen.
Der Termin ergibt sich aus dem vorgesehenen sinnvollen Ausführungszeitpunkt und dem Zeitraum für die Beschaffung der Materialien und Kapazitäten.
Bitte beachten Sie, dass bei fehlender Entscheidung bis zum o.a. Termin Behinderungen im Bauablauf entstehen können.

zu 2.: Nachträgliche Änderung einer vereinbarten Ausführung durch den AG, für die es im Angebot eine Alternativposition gibt

Obwohl es bereits eine verbindliche Vereinbarung zur Ausführungsart gab, sind spätere Änderungswünsche durch den AG in der täglichen Praxis üblich. Der AG geht häufig (fälschlicherweise) davon aus, dass nun die Preise der Alternativposition zum Tragen kommen. Beim Unternehmer sind ggf. jedoch schon Kosten entstanden bzw. hat dieser Verpflichtungen eingegangen. Je später derartige Änderungswünsche des Auftraggebers geäußert werden, umso größer ist die Wahrscheinlichkeit der Leistungsstörung mit der Konsequenz, dass zusätzliche Kosten entstanden sind bzw. die veränderte Disposition Auswirkungen auf die Bauzeit hat. Da dies der AG nicht wissen muss, liegt es am AN, dies unmissverständlich deutlich zu machen.

Nachträgliche Änderung einer vereinbarten Ausführung, für die es im Angebot eine Alternativposition gab

Sehr geehrte Damen und Herren,
□ mit Schreiben vom ...
□ im Rahmen der Baustellenberatung am ...
□ im Gespräch am ...
haben Sie den Wunsch geäußert, dass nun doch die bereits im Angebot vom ... enthaltene Alternativposition ... zur Ausführung kommt.
Wir werden nun wie gewünscht, die geänderte Art ausführen.
Unsere Disposition hat dies nicht berücksichtigt. Deshalb sind uns bereits Kosten für die ursprüngliche Ausführung entstanden, die wir Ihnen zusätzlich in Rechnung stellen müssen.

oder nochmals Rückfrage mit Fristsetzung zur Entscheidung

Nachträgliche Änderung einer vereinbarten Ausführung, für die es im Angebot eine Alternativposition gab

Sehr geehrte Damen und Herren,
□ mit Schreiben vom ...
□ im Rahmen der Baustellenberatung am ...
□ im Gespräch am ...
haben Sie den Wunsch geäußert, dass nun doch die bereits im Angebot vom ... enthaltene Alternativposition ... zur Ausführung kommt.
Unsere Disposition hat dies nicht berücksichtigt. Deshalb sind uns bereits Kosten für die ursprüngliche Ausführung entstanden, die wir Ihnen zusätzlich in Rechnung stellen müssen.
Im beiliegenden Angebot erhalten Sie die Nachtragskalkulation für die alternative Ausführung.
Bitte bestätigen Sie uns bis zum ... den Nachtrag, damit keine zusätzlichen Behinderungen wegen fehlender Entscheidungen entstehen.
Erhalten wir bis zum o.a. Termin keine Nachricht von Ihnen, werden wir die alternative Art ausführen. Die Mehrkosten werden Ihnen gesondert in Rechnung gestellt.

Das Schema der Nachtragskalkulation folgt dann diesem Gedanken.

Nachtragskalkulation

1. Bauvorhaben:
2. Nachtragsnummer (oder Sachverhalt) *z.B. Wandverkleidung mit Fliesen (Fabrikat xyz) anstelle der bemusterten Natursteine (abc) im Bad*
3. Raum, Achse, Bereich: *räumliche Zuordnung genau vornehmen, da geforderten Leistung ggf. später die gleichen Arbeiten in anderen Räumen ausgeführt werden sollen*
4. Ihre Anordnung vom ...
5. Alternative Ausführung in der Position ....
6. *Die geforderte Leistung ist als Alternativposition bereits in unserem Angebot mit einem Preis enthalten*
7. Anspruchsgrundlage (Preisniveau): *Uns sind für die beauftragte Leistung bereits folgende Kosten entstanden, die durch die Änderung nicht mehr gedeckt werden ...*
8. Leistung: .....
9. *Es handelt sich um eine geänderte Leistung.*
10. Kalkulation:
    Die Abrechnung der geänderten Leistung erfolgt auf der Grundlage des Preises im LV vom ... und dem unter Pos. ... angegebenen Einheitspreis.
    Zusätzlich stellen wir folgende uns bereits entstandene Kosten in Rechnung, die aufgrund der nachträglichen Leistungsänderung entstanden sind .....
11. Änderungen anderer Leistungsteile:
    □ Andere Leistungsteile sind von diesem Nachtrag nicht betroffen.
    □ Folgende Leistungen ändern sich aufgrund der hier beschriebenen Leistung ... eine Kalkulation hierzu ist uns derzeit noch nicht möglich.
    □ folgende Leistungen entfallen ...

Kurzfristige Leistungsänderung vor Ausführungsbeginn	**Grundlage des Vertrages**	**tatsächliche Ausführung + Abrechnung**
Menge und Einheit	100 m^2	100 m^2
Vertragsposition		
Preis je Einheit der Vertragsposition	**100,- €/m^2**	
Gesamtpreis der Position	**10.000,- €**	
darin enthalten 30 % für Baustelleneinrichtungskosten, Baustellengemeinkosten, allgemeine Geschäftskosten und Gewinn (ohne Wagnisse)	30,- €/m^2 x 100 m^2 = 3.000,- €	
Wagnisse: 5 % des Preises aufgeteilt; davon **leistungsbezogenes** Wagnis 20%, 80 % allgemeines betriebsbezogenes Unternehmerwagnis	Allgemeines Unternehmerwagnis 4,- €/m^2 x 100 m^2 = 400,- €	
leistungsbezogener Wagnisanteil	1,- €/m^2 x 100 m^2 = 100,- €	
produktive Kosten der Leistung (Lohn und Material)	65,- €/m^2 x 100 m^2 = 6.500,- €	
Vertragsänderung: Alternativposition		
Preis je Einheit	**50,- €/m^2**	
darin enthalten 30 % für Baustelleneinrichtungskosten, Baustellengemeinkosten, allgemeine Geschäftskosten und Gewinn (ohne Wagnisse)		15,- €/m^2 x 100 m^2 = 1.500,- €
Wagnisse: 5 % des Preises aufgeteilt; davon leistungsbezogenes Wagnis 20%, 80 % allgemeines betriebsbezogenes Unternehmerwagnis	Allgemeines Unternehmerwagnis	2,- €/m^2 x 100 m^2 = 200,- €
leistungsbezogener Wagnisanteil		0,50 €/m^2 x 100 m^2 = 50,- €
produktive Kosten der Leistung (Lohn und Material)		32,50 €/m^2 x 100 m^2 = 3.250,- €
Zwischensumme aus Übernahme der Kalkulationsansätze	(entspricht 50,- €/m^2 x 100 m^2)	**5.000,- €**
Zusätzliche Kosten aufgrund kurzfristiger Änderung		
Bereits ausgeführte Holzzuschnitte (am Lager zu Ihrer Verwendung) *Hier alle bereits entstandenen Kosten eintragen.*		3.500,- €
Anspruch auf Ausgleich der Unterdeckung der Baustelleneinrichtungskosten, Baustellengemeinkosten, allgemeine Geschäftskosten und Gewinn (ohne Wagnisse) – **Anspruch ist unsicher**		1.500,- €
Summe Nachtrag aufgrund kurzfristiger Leistungsänderung		**10.000,- €**

zu 3.: Änderungswünsche vor Ausführung der Arbeiten („anstelle") - keine Einheitspreise für die gewünschte Ausführung

Ausgangspunkt für diese Konstellation ist, dass es keinen Einheitspreis für die auszuführende Leistung gibt. Wird das Verfahren **„Preisniveau des Vertrages"** angewendet, müssen die kalkulierten Einheitspreise mit Hilfe von Vergleichstabellen umgerechnet werden.

Beispiel: **Nachtragskalkulation Änderung des Steinformates für Trennwände** (Bestimmung des neuen Einheitspreises bei Vorhandensein einer vergleichbaren Position[10] (Zahlen sind keine Marktpreise und stark vereinfacht). Ausschreibungsmenge 100 m^3. Die Bauzeit verlängert sich aufgrund des größeren Zeitbedarfes je m^3 proportional, da die Kolonnenzusammensetzung gleich bleibt und keine Überstunden vereinbart werden.

	Grundlage des Vertrages	**geänderte Leistung (unveränderte Ausführungsmenge)**	
Mauerwerk aus Kalksandstein, stark gegliedert, Kraneinsatz	**Steinformat 2 DF**	**Steinformat NF**	
Zeitaufwand (Lohnstunden)	5 h/m^3	5,71 h/m^3	Nebenrechnung 1
Lohnanteil einschl. AGK ohne BGK	25 €/h x 5 h/m^3 = **125,00 €/m^3**	25 €/h x 5,71 h/m^3 = **142,75 €/m^3**	
Stoffkosten Steine einschl. AGK	**80,00 €/m^3**	**101,65 €/m^3**	Nebenrechnung 2
Mörtelmenge	210 l/m^3	270 l/m^3	
Stoffkosten Mörtel einschl. AGK je m^3 Mauerwerk	**36,00 €/m^3**	**51,55 € /m^3**	Nebenrechnung 3
Kosten für verlängerten Kraneinsatz und Vorhalten der BE bei gleicher Kolonnenstärke (als BGK)	100 m^3 x 5 h/m^3 : 3 MA á 8 h /Tag = 21 Tage	100 m^3 x 5,71 h/m^3 : 3 MA á 8 h /Tag = 24 Tage	
nachgewiesene Kosten der BE. Berechnung, falls sich auch noch die Menge ändert	**17,71€ /m^3**	**20,24 €/m^3**	Nebenrechnung 4
vereinfachter Zuschlag zu den Kosten der BE als Gesamtzuschlag **(alternativ zur vorherigen Zeile)**		3 Tage x 85 €/Tag = 255,- €	
Gesamtpreis €/m^3 (BE als Zuschlag je m^3)	**258,71 €/m^3**	**316,19 €/m^3**	

Ist die Abrechnungsmenge gleich der Ausschreibungsmenge (100 m^3) bekommt der Unternehmer **5.748,00 €** mehr. Für den Nachweis der einzelnen Zeit- und Kostenansätze bedarf es einiger detaillierter Nebenrechnungen.

[10] stark verändert nach Kapellmann/Schiffers Band 1, Rn. 780, dort ohne BE-Berechnung

Nebenrechnung 1: Zeitansatz (ist nur notwendig, wenn Zeitansatz nachgewiesen werden muss)	**im Vertrag**	**geänderte Leistung**
Mauerwerk aus Kalksandstein, stark gegliedert, Kraneinsatz	Steinformat 2 DF	Steinformat NF
Angebotskalkulation	5,00 h /m³	
Vergleichstabelle[11] (z.B. Arbeitszeit-Richtwertetabelle)	5,20 h /m³	5,95 h /m³
Bestimmung des Zeitniveaufaktors (Kostenniveaufaktor)	$\frac{5{,}00}{5{,}20} = 0{,}96$	
Berechnung des Aufwandes für die geänderte Leistung auf der Grundlage des Aufwandes für die angebotene Leistung		0,96 x 5,95 h /m³ = 5,71 h /m³

Nebenrechnung 2: Stoffkosten Steine	**im Vertrag**	**geänderte Leistung**
Mauerwerk aus Kalksandstein, stark gegliedert, Kraneinsatz	Steinformat 2 DF	Steinformat NF
Angebotskalkulation	80,00 € /m³	
Vergleichstabelle, z.B. Händlerliste Steine	75,00 € /m³	95,00 € /m³
Bestimmung des Kostenniveaufaktors	$\frac{80{,}00}{75{,}00} = 1{,}07$	
Berechnung des Preises für die geänderte Leistung auf der Grundlage des Preises für die angebotene Leistung		1,07 x 95,00 € /m³ = 101,65 € /m³

Nebenrechnung 3: Stoffkosten Mörtel	**im Vertrag**	**geänderte Leistung**
Mauerwerk aus Kalksandstein, stark gegliedert, Kraneinsatz	Steinformat 2 DF	Steinformat NF
Angebotskalkulation	bei 210 l/m³ Mauerwerk = 36,00 €/m³ je m³ Mauerwerk	
Umrechnung der Mengen für die geänderte Leistung 270 l : 210 l = 1,29 (Mengenfaktor) wenn die EKT für Mörtel nicht umgerechnet werden sollen		bei 270 l/m³ Mauerwerk 36,00 €/m³ x 1,29 = 46,44 €/m³
Umrechnung über m³ Mörtelpreis	1000 l : 210 l x 36,00 €/m³ = 171,43 €/m³ Mörtel	
Vergleichstabelle z.B. Mörtelwerk mit Kleinmengenzuschlag und Transport	190,00 € /m³ Mörtel	
Bestimmung des Kostenniveaufaktors	$\frac{190{,}00}{171{,}43} = 1{,}11$	
Berechnung des Preises für die geänderte Leistung auf der Grundlage des Preises für die angebotene Leistung und Mehrmenge schon bezogen auf das Mauerwerk		1,11 x 46,44 € /m³ (Mauerwerk) = 51,55 € /m³

[11] hier die Tabellen der Arbeitszeitrichtwerte für Hochbau verwendet. Jede andere Vergleichstabelle ist auch nutzbar.

Nebenrechnung 4: Kosten der BE (Diese Nebenrechnung ist dann notwendig, wenn sich auch noch die Menge ändert und die Kosten der BE auf die Mengeneinheit der Position bestimmt werden sollen)

Hier zugunsten des AG in zeitabhängige und zeitunabhängige Kosten differenziert.
Grundlagen des Preises im Vertrag
Gesamtbauzeit gem. Vertrag: 100 Arbeitstage
Gesamtkosten der BE: 10.000,- €,

- davon 15% zeitunabhängig = 1.500,- €
- und 85 % zeitabhängig = 8500,- € = 85,- €/Tag

Kolonnenleistung: 3 MA x 8 h / MA/Tag : 5 h/m^3 = 4,8 m^3/Tag
Anteilige BGK: 85,- €/Tag : 4,8 m^3/Tag = 17,71€/m^3

geänderte Leistung
Kolonnenleistung: 3 MA x 8 h / MA/Tag : 5,71 h/m^3 = 4,2 m^3/Tag
Anteilige BGK: 85,- €/Tag : 4,2 m^3/Tag = 20,24 €/m^3

Alternativ könnten bei Anordnung der nicht notwendigen Änderung durch den Auftraggeber gem. BGB § 650 b + c die tatsächlich erforderlichen Kosten und angemessene Zuschläge für AGK, Wagnis und Gewinn kalkuliert werden.

Nachtragskalkulation

1. Bauvorhaben:
2. Nachtragsnummer (oder Sachverhalt) *z.B. Änderung des Steinformates für die Trennwände*
3. Raum, Achse, Bereich: *räumliche Zuordnung genau vornehmen, da geforderten Leistung ggf. später die gleichen Arbeiten in anderen Räumen ausgeführt werden sollen*
4. Ihre Anordnung vom ...
5. Geänderte Ausführung in der Position ....
6. *Die geforderte Änderung betrifft Leistungen die ab dem ... ausgeführt werden*
7. Anspruchsgrundlage (Preisniveau): *VOB/B § 2 Abs. 5*
8. Leistung: .....
9. *Es handelt sich um eine geänderte Leistung.*
10. Kalkulation:
    Die Abrechnung der geänderten Leistung erfolgt auf der Grundlage des Preises für die im LV vom ... vorgesehene Leistung unter dem in Pos. ... angegebenen Einheitspreis.
    Zusätzlich entstehen folgende Mehr- und Minderkosten.....
11. Änderungen anderer Leistungsteile:
    □ Andere Leistungsteile sind von diesem Nachtrag nicht betroffen.
    □ Folgende Leistungen ändern sich aufgrund der hier beschriebenen Leistung ... eine Kalkulation hierzu ist uns derzeit noch nicht möglich.
    □ folgende Leistungen entfallen ...

zu 4. + 5.
Änderungswünsche während der Ausführung der Arbeiten und Änderungswünsche nach Ausführung der Arbeiten

Vor der Bearbeitung eines neuen Angebotes wird dringend empfohlen:

1. umfassende eigene Dokumentation der zu entfernenden Teile
2. gemeinsames Aufmaß mit dem AG der zu entfernenden Teile,
3. förmliche Abnahme der zu entfernenden Teile (wenn das nicht möglich ist, Zustandsfeststellung nach BGB § 650 g),
4. eine Teilschlussrechnung für die zu entfernenden Teile,
5. eine Vereinbarung zur Verkürzung des Zahlungszieles für diese Teilschlussrechnung oder die Stellung einer Sicherheit nach BGB § 650 f (Bauhandwerkersicherung) vor Beginn der Arbeiten zur Änderung der ausgeführten Leistung,
6. Angebot für die neue Leistung mit Fristsetzung zur Entscheidung mit der Bemerkung, dass erst mit den Arbeiten begonnen wird, wenn Einigung über Leistung und Preis erzielt wurde.

Ihre Änderungswünsche während der Ausführung / nach Ausführung*) der …-arbeiten

Sehr geehrte Damen und Herren,
□ mit Schreiben vom …
□ im Rahmen der Baustellenberatung am …
□ im Gespräch am …
haben Sie den Wunsch geäußert, dass eine von uns teilweise/vollständig*) erbrachte Leistung geändert werden soll. Das betrifft folgende Leistungen: ……………..
Wir bitten Sie hiermit um

- ein gemeinsames Aufmaß der zu entfernenden Teile,
- eine förmliche Abnahme der zu entfernenden Teile

bis zum … . Der Termin ergibt sich aus der Notwendigkeit einen Bautenstillstand und damit weitere (Stillstands-)kosten zu vermeiden.

Die bereits ausgeführten Teile werden wir in einer Teilschlussrechnung separat abrechnen. Wir bitten um Verständnis, dass die Zahlung auf diese Rechnung vor der Ausführung weiterer Arbeiten erfolgen muss. Alternativ ist die Stellung einer Sicherheit (vorzugsweise nach BGB § 650 f) bis zum Ausführungsbeginn möglich. Bitte beachten Sie, dass wir mit der Ausführung der Folgearbeiten behindert sind, wenn Sie weder eine Zahlung leisten, noch eine taugliche Sicherheit stellen.

Außerdem erhalten Sie ein Angebot für die neue Leistung. Da es sich um eine nicht notwendige Leistungsänderung handelt, bitten wir um Verständnis, dass wir erst mit der Leistung beginnen werden, wenn wir Einigung über die Leistung und die Vergütung erreicht haben.

Variante, wenn die neue Leistung im Rahmen des gesamten Vertrages erbracht werden soll:

Angebot mit Nachtragskalkulation

1. Bauvorhaben:
2. Nachtragsnummer (oder Sachverhalt) *z.B. barrierefreier Umbau und Ergänzung der bereits ausgeführten Elektroinstallation*
3. Raum, Achse, Bereich: *räumliche Zuordnung genau vornehmen, da geforderten Leistung ggf. später die gleichen Arbeiten in anderen Räumen ausgeführt werden sollen*
4. Ihre Anfrage vom ...
5. Anspruchsgrundlage (Preisniveau): *Die Leistungsänderung kann unter teilweiser Nutzung der vorhandenen Einheitspreise kalkuliert werden. Für die Leistungen, für die keine Einheitspreise vorliegen, kalkulieren wir die tatsächlich erforderlichen Kosten mit angemessenen Zuschlägen für Allgemeine Geschäftskosten, Wagnis und Gewinn.*
6. Leistung: .....
7. Es handelt sich um eine nachträglich geänderte Leistung an unserer bereits erbrachten Leistung
8. Kalkulation:
   Die Abrechnung der geänderten Leistung erfolgt auf der Grundlage der Preise im Vertrags-LV vom ...
   Zusätzlich sind Leistungen zu kalkulieren, für die es keine vergleichbaren Preise gibt.
9. Änderungen anderer Leistungsteile:
   □ Andere Leistungsteile sind von diesem Nachtrag nicht betroffen.
   □ Folgende Leistungen ändern sich aufgrund der hier beschriebenen Leistung ... eine Kalkulation hierzu ist uns derzeit noch nicht möglich.
   □ folgende Leistungen entfallen ...

Beispiel:
Während der Zeit der Bauarbeiten erleidet ein Familienmitglied eine Krankheit, die es dauerhaft an den Rollstuhl fesselt. Es sollen nun während der Bauarbeiten sämtliche Lichtschalter auf behindertengerechte Höhe verlegt werden und zusätzliche Bewegungsmelder eingebaut werden.
Die Auflistung der Arbeiten erfolgt hier in einer für den Laien nachvollziehbaren Reihenfolge, auch wenn sie ggf. unterschiedlichen Leistungsbereichen zuzuordnen sind.

	Zu übernehmende Ansätze aus dem Vertrag	neue Kostenansätze	Angebot
Einzelkosten der Teilleistung			
Demontage bereits montierter Lichtschalter zur Wiederverwendung		50 St. á 3,-€	150,- €
Entfernen der Kabel zwischen Verteilerdosen und Lichtschalter und Entsorgung		Pauschal	200,-€
Fräsen von Schlitzen zu den neuen Dosen Verlegen der Leerrohre ohne Verputz	50 x 0,5 m 10 x 2,0 m		450,- €
Einsetzen neuer Unterputzdosen (Lohn und Material)	Für Schalter: 50 Stck Bewegungsmelder: 10 Stck		600,- €
Neue Kabel in Leerrohre einziehen	60 Stck. á 2 m		
Einbau der Lichtschalter und (Lohn)	50 x 8,- €		400,- €
Zusätzliche Montage von Bewegungsmeldern		10 Stck liefern und montieren 10 x 18,- €	180,- €
Nicht vorgesehene und vertraglich nicht geschuldete Überarbeitung der Pläne		4,5 Techniker-Stunden x 65,- €/h	292,50 €
Zwischensumme			2.272,50 €
AGK umsatzbezogen	20 % auf Lohn und Material		454,50 €
BGK, W + G (bezogen auf Umsatz auf der Basis der EKT)	12 % + 5 % = 17 %		386,33 €
Gesamtpreis (keine EP)			**3.113,33 €**

2.5 Ausgleichsrechnung

Mit der Regelung zur Erstattung der entgangenen Kosten für die Baustelleneinrichtungs- und Baustellengemeinkosten und der Allgemeinen Geschäftskosten in ausgeschriebener Höhe ist gleichzeitig die Regel verbunden, dass dies nur erfolgen soll, wenn der Unternehmer nicht durch Erhöhung der Mengen bei anderen Positionen oder auf andere Weise einen Ausgleich erhält.

> ***VOB/B § 2 Abs. 3, Nr. 3***
> *Bei einer über 10 v.H. hinausgehenden Unterschreitung des Mengenansatzes ist auf Verlangen der Einheitspreis für die tatsächlich ausgeführte Menge der Leistung oder Teilleistung zu erhöhen,* ***soweit der Auftragnehmer nicht durch Erhöhung der Mengen bei anderen Ordnungszahlen (Positionen) oder in anderer Weise einen Ausgleich erhält....***

Hinweis: Das BGB enthält eine derartige Regelung nicht.

Der Ausgleich ist u.a. möglich durch:

- Mehrmengen ohne Anordnung des AG gem. § 2 Abs. 3 Nr. 2,
- Leistungsänderungen gem. § 2 Abs. 5,
- Angeordnete Mehrmengen und zusätzliche Leistungen gem. § 2 Abs.6,
- Arbeiten ohne Auftrag gem. § 2 Abs. 8,
- „andere Weise".

Öffentliche Auftraggeber müssen sich zwingend an diese Regelung halten.

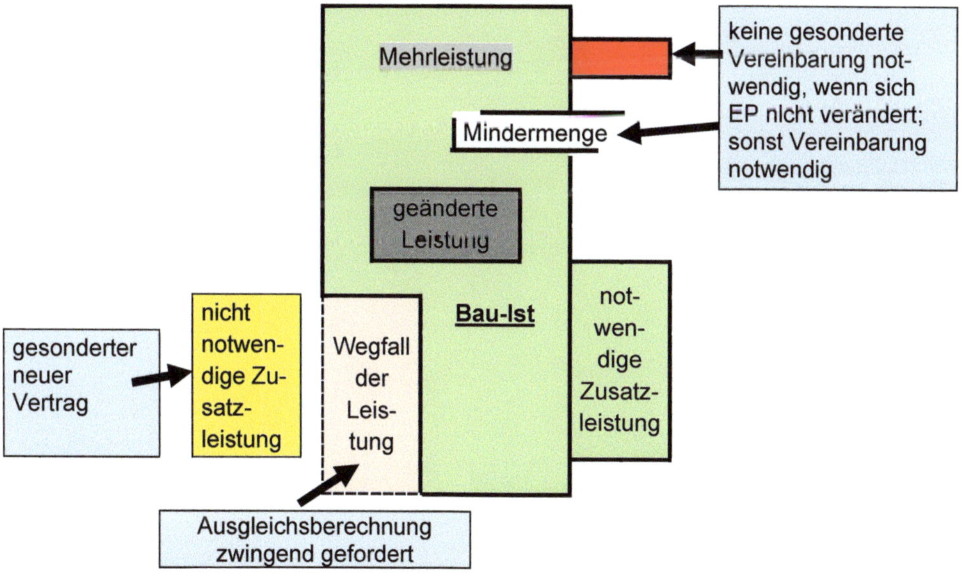

Praxishinweis: Werden nur in einzelnen Positionen Mindermengen ausgeführt und dafür in anderen Positionen Mehrmengen geleistet, so dass für den Bauunternehmer insgesamt ein Ausgleich (z. B. der Fixkosten) erreicht wird, ist eine detaillierte Aufrechnung mitunter wenig hilfreich, da die VOB/B auf einen „Ausgleich" abstellt.

Grundgedanken der Ausgleichsrechnung

- Wenn sich ohne Zutun des Auftraggebers (keine Anordnung, keine Teilkündigung) die Mengen ändern, soll nicht nur der Einheitspreis in einer einzelnen Position geändert werden, sondern die aus der ursprünglichen Vertragssumme entstehenden Deckungen der Allgemeinen Geschäftskosten, Baustellengemeinkosten sollen dem Unternehmer erhalten bleiben.
- Sollte der Unternehmer die Deckung seiner AGK und BGK durch Erhöhung der Mengen in anderen Positionen (ggf. auch teilweise) erreichen, ist dies zu berücksichtigen. **Hierbei sind nur die Anteile zu berücksichtigen, die bei Mengenänderungen über 110 % liegen.** (BGH-Urteil vom 18.12.1986 - VII ZR 39/86)
- Leistungsbezogene Wagnisse treten bei nicht ausgeführten Leistungen nicht auf. Die Zuschläge dafür müssen also abgezogen werden. Wagniszuschläge des Gesamtunternehmens bleiben dem Unternehmer erhalten
- Nach der derzeit herrschenden Meinung kann der Gewinn bei der Ausgleichsberechnung mit berücksichtigt werden.

Ausgleichsberechnung umfasst alle Positionen

Kommt es bei einem Einheitspreisvertrag in einer Position des Leistungsverzeichnisses zu einer über 10% hinausgehenden Unterschreitung des Mengenansatzes, sind für die Ausgleichsberechnung nach § 2 Nr. 3 Abs. 3 VOB/B sowohl alle anderen Positionen des Leistungsverzeichnisses als auch sämtliche Nachträge, die dasselbe Bauvorhaben betreffen, heranzuziehen. OLG Karlsruhe, Urteil vom 24.03.2011 - 9 U 94/10; BGH, Beschluss vom 16.05.2013 - VII ZR 96/11

(alle Preise sind Beispiele und keine Marktpreise)

1	2	3	4	5	6	7	8	9	10	11	12
Position	Leistung	Mengen			Mehr-/ Mindermenge	Einheitspreis	Deckungsanteil im EP				Abweichende Menge
						[€]	%	%	%	%	
		LV	Einheit	ausgeführt			BGK 12,00%	AGK 13,00%	Betriebsbez. Wagnis + Gewinn 2,00%	Leistungs-bezogenes Wagnis 2,00%	
2.3.400	Putzfehl- und Hohlstellen ausbessern	10	m²	70	60,00	28,00 €	3,36 €	3,64 €	0,56 €	0,56 €	59,00
2.3.700	Unebenheiten beiputzen	10	m²	111	101,00	12,00 €	1,44 €	1,56 €	0,24 €	0,24 €	100,00
3.8.701	Multifunktional Montageplatte	20	Stck.	2	**-18,00**	95,00 €	11,40 €	12,35 €	1,90 €	1,90 €	**-18,00**
4.8.702	Grundbeschichtung Traufe	20	m²	10	**-10,00**	6,00 €	0,72 €	0,78 €	0,12 €	0,12 €	**-10,00**
4.8.703	Zwischenbeschichtung Traufe	20	m²	10	**-10,00**	6,00 €	0,72 €	0,78 €	0,12 €	0,12 €	**-10,00**
4.8.704	Endbeschichtung Traufe	20	m²	10	**-10,00**	8,00 €	0,96 €	1,04 €	0,16 €	0,16 €	**-10,00**

Es werden bei der „Abweichenden Menge" in Spalte 12 nur die über 110 % hinaus gehenden Mengen berücksichtigt.

	Teil 2: Ausgleichsrechnung	
12	13	14
Abweichende Menge	Aufrechnung BGK, AGK, betriebsbezogenes Wagnis und Gewinn ohne leistungsbezogenes Wagnis [€]	Aufrechnung BGK Nur zum Vergleich, wenn keine zusätzlichen BGK in absoluter Höhe entstehen [€]
59,00	446,04 €	198,24 €
100,00	324,00 €	144,00 €
-18,00	**- 461,70 €**	**- 205,20 €**
-10,00	**- 16,20 €**	**- 7,20 €**
-10,00	**- 16,20 €**	**- 7,20 €**
-10,00	**- 21,60 €**	**- 9,60 €**
Summe:	**254,34 €**	**113,04 €**

Der **entgangene Gewinn und der betriebsbezogene Wagnisanteil** sind für die nicht ausgeführte Menge vollständig zu erstatten. Die leistungsbezogenen Wagnisanteile entfallen für die nicht ausgeführte Leistung. Sie werden nicht vergütet.

			im EP		zusätzlich zu erstattender entgangener Gewinn und betriebsbezogener Wagnisanteil
			Betriebsbezogenes Wagnis + Gewinn 2,00%	Leistungs-bezogenes Wagnis 2,00%	
3.8.701	Multifunktional Montageplatte	**-18,00**	1,90 €	1,90 €	34,20 €
4.8.702	Grundbeschichtung Traufe	**-10,00**	0,12 €	0,12 €	1,20 €
4.8.703	Zwischenbeschichtung Traufe	**-10,00**	0,12 €	0,12 €	1,20 €
4.8.704	Endbeschichtung Traufe	**-10,00**	0,16 €	0,16 €	1,60 €
				gesamt	**38,20 €**

2.6 Kalkulation der Wagniszuschläge im Angebot und Wagniszuschläge im Nachtrag

Noch nicht im allgemeinen Bewusstsein der Baubetriebslehre und der Rechtsprechung ist die Tatsache, dass sich leistungsbezogene Wagnisse nach Vertragsabschluss ändern können und damit Nachträge ggf. mit höheren Wagniszuschlägen kalkuliert werden können. Würde der Unternehmer alle erdenkbaren leistungsbezogenen Wagnisse in seine Angebotskalkulation einbeziehen, wäre sein Angebot nicht konkurrenzfähig.

Beispiel:
Der Unternehmer kann bei der Angebotskalkulation davon ausgehen, dass die Zahlungen des Auftraggebers vertragsgemäß erfolgen. Stellt sich später heraus, dass für eine vertragsgemäße Bauleistung die Zahlung unberechtigt gekürzt oder verspätet geleistet wird, entsteht beim Unternehmer ein zusätzliches (nur im speziellen Projekt entstehendes) Liquiditätsrisiko. Der im Gesetz und der VOB/B enthaltene Zinsanspruch des Gläubigers deckt jedoch bei weitem nicht das Liquiditätsrisiko ab.[12] Für die Vertragsleistung können für diese Wagnisse allerdings nur schwer oder gar nicht als späterer Wagniszuschläge geltend gemacht werden. In Nachträgen (insbesondere wenn das Verfahren „tatsächlich erforderliche Kosten und **angemessene Zuschläge** für AGK, **Wagnisse** und Gewinn“ angewendet wird, erscheint dies nicht aussichtslos.

Nach diesen Gedanken sind zu unterscheiden:

- **betriebsbezogene Wagnisse** (allgemeines Unternehmensrisiko),
- **leistungsbezogene Wagnisse**, die in der Angebotskalkulation berücksichtigt werden (mit der zu vereinbarenden Leistung verbunden),
- leistungsbezogene Wagnisse, die **zusätzlich nach Vertragsabschluss** entstehen (insbesondere durch das Verhalten des Auftraggebers).

Die Unterteilung der Wagniszuschläge leitet sich als Umsetzung eines Urteils des BGH vom 24. März 2016 (Az.: VII ZR 201(15) ab. Danach rechnet ein betriebsbezogenes Wagnis als unternehmerisches Risiko nicht als ersparte Aufwendung bei einer Vergütungsanpassung aufgrund von Mindermengen. Diese Rechsprechung hat auch die Auftraggeber, die sich nach VOB/A verhalten müssen, dazu gezwungen, in betriebsbezogene und leistungsbezogene Wagnisse zu unterscheiden.

Auszug aus dem EFB – Blatt 221

Baustellengemeinkosten (Summe 3.1)			
3.2	**Allgemeine Geschäftskosten (Summe 3.2)**		
3.3	**Wagnis und Gewinn (Summe 3.3)**		
3.3.1	Gewinn		
3.3.2	Betriebsbezogenes Wagnis (Wagnis für das allgemeine Unternehmensrisiko)		
3.3.3	Leistungsbezogenes Wagnis (mit der Ausführung der Leistungen verbundenes Wagnis)		

[12] Der überwiegende Teil der Unternehmensinsolvenzen in der Bauwirtschaft hat die fehlende Liquidität und nur vergleichsweise selten die unzureichende Rentabilität zur Ursache.

Vom Projekt **un**abhängige Risiken (betriebsbezogenes Wagnis) sind z.B.:

Wagnisse / Risiken des Gesamtunternehmens (betriebsbezogenes Wagnis)	
Langfristige Investitionen	Diese Risiken sind unabhängig vom konkreten Auftrag. Es sind „allgemeine unternehmerische Wagnisse" die **durch Rücklagen gedeckt werden müssen. Sie werden mitunter auch im Zuschlag für Gewinn berücksichtigt.**
Beschäftigungsgrad	
Lohnentwicklung	
Rahmenbedingungen aus Politik und Wirtschaft	

Für alle Gewerke gibt es Ursachen für Wagniszuschläge für ausgewählte **Risiken im Projekt (leistungsbezogenes Wagnis):**

Leistungsbezogene Wagnisse (Beispiele)	
Projektphase	**mögliche Wagnisse in den jeweiligen Projektphasen**
Angebot	Unklares Bau-Soll
	unklare Wettbewerbssituation
	Unsichere Baukonstruktion beim Bauen im Bestand
	Baugrund
	unklare Bauumstände
	Monopolstellung von NU und Lieferanten
Vertragsverhandlung + Vertragsabschluss	Für den AN ungünstige Individualvereinbarungen
	AGB des AG z.T. unwirksam
	Unklare Sicherung des Vorleistungsrisikos
Planbereitstellung	unbekanntes Planungsbüro
	Haftung für eigene ergänzende Planung
Vorleistungen anderer Unternehmer	Fehler in der Schnittstellenkoordination durch AG, Planer und innerhalb einer ARGE
	Übernahme schlechter Qualität der Vorunternehmer
Finanzierungskosten	Kreditbelastung des Unternehmers aus Vorfinanzierung
Bauausführung	Mangelnde Zuverlässigkeit der Lieferanten
	neues Material für das es keine Erfahrung gibt
	Unterlassene Mitwirkung des AG
	chaotische Bauumstände
Nachträge	Sind später gelieferte Pläne eine Detaillierung oder eine Erweiterung des Leistungsumfanges?
Beschädigung, Verschmutzung, Diebstahl vor Abnahme	Grenzen der Sicherung der Leistung
Aufmaß	Nicht mehr aufmessbare Leistungen
Abnahme	Unberechtigte Abnahmeverweigerung
	Zeitliche Abnahmeverzögerung durch AG
	Falsche Mangelrüge durch AG
	Abnahme der NU- Leistungen durch den AN. AG verweigert diese Abnahme.
Zahlungsverzug und Zahlungsausfall des AG	Zahlungsverzögerung durch AG
	Zahlungsausfall durch Insolvenz des AG
Streitführung	Prozessrisiko
	Gericht kommt Hinweispflicht nach ZPO nicht nach

Die **bis zum Vertragsabschluss** erkennbaren leistungsbezogenen Wagnisse kann der Unternehmer ggf. in seinem Wagniszuschlag (auch differenziert nach einzelnen Leistungen) grob abschätzen und in seine Kalkulation einbeziehen. Dies kann sich auf Risiken während der Ausführung und während der Gewährleistungszeit beziehen. Ob es jedoch sinnvoll ist, alle absehbaren Risiken in der Kalkulation zu berücksichtigen, bleibt eine individuelle unternehmerische Entscheidung.
Die folgende „Formel“ ist nicht die exakte Beschreibung des Begriffs Risiko. Sie kann aber gut zur Veranschaulichung der grundsätzlichen Vorgehensweise verwendet werden.

finanzielles Risiko = Eintrittswahrscheinlichkeit des Ereignisses x Schadensausmaß

Jeder Unternehmer kann die Eintrittswahrscheinlichkeit eines Ereignisses aus eigener Erfahrung abschätzen.

Von Unternehmern genannte Beispiele:

<table>
<tr><th></th><th>Risiken zum Bauteil</th><th colspan="2">Art / Beschreibung</th><th>Wahrscheinlichkeit des Eintritts</th></tr>
<tr><td>1</td><td>Bepflanzung</td><td colspan="2">Absterben in der Gewährleistungszeit</td><td>2-5 %</td></tr>
<tr><td rowspan="2">2</td><td rowspan="2">Außenanlagen</td><td rowspan="2">Beschädigung vor Abnahme, bei der der Verursacher nicht ermittelt werden kann (incl. Vandalismus)</td><td>robuste Bauteile</td><td>0,5 % bis</td></tr>
<tr><td>empfindliche Bauteile</td><td>3 %</td></tr>
<tr><td rowspan="2">3</td><td rowspan="2">Bedienung von HLS-Anlagen</td><td rowspan="2">falsche Bedienung durch AG in der Gewährleistungszeit, die nicht als solche bewiesen werden kann</td><td>einfache Anlagen</td><td>0,5 % bis</td></tr>
<tr><td>komplizierte Anlagen</td><td>5 %</td></tr>
<tr><td>4</td><td>FB-Belag</td><td colspan="2">Untergrund ist noch zu feucht, es kommt zu Verzögerungen im Beginn</td><td>20 %</td></tr>
</table>

Wird mit sehr unterschiedlichen Wagniszuschlägen gearbeitet, erscheint eine differenzierte Auflistung in der (hinterlegten) Urkalkulation sinnvoll.

2.6.1 Wagnisanteile bei freier Kündigung

BGH, Urteil vom 24.03.2016 - VII ZR 201/15

„Der AN darf aufgrund der „freien" Kündigung die vereinbarte Vergütung verlangen; er muss sich jedoch das anrechnen lassen, was er infolge der Aufhebung des Vertrags an Aufwendungen erspart oder durch anderweitige Verwendung seiner Arbeitskraft erwirbt oder zu erwerben böswillig unterlässt. Erspart sind diejenigen Aufwendungen, die der AN ohne die Kündigung gehabt hätte und die infolge der Kündigung entfallen sind. **Eine Ersparnis kommt vor allem bei projektbezogenen Herstellungs- und variablen, projektbezogenen Gemeinkosten in Betracht. Gewinn und allgemeine Geschäftskosten, die nicht projektbezogen anfallen, sind nicht erspart. Nach diesen Grundsätzen ist der vom AN neben dem Gewinn kalkulierte Zuschlag für Wagnis nicht als ersparte Aufwendung zu betrachten, wenn dieser Zuschlag das allgemeine unternehmerische Risiko für die durch die wirtschaftliche Tätigkeit des AN allgemein begründete Verlustgefahr absichern soll.** Dieser vom AN kalkulierte Zuschlag ist ebenso wie der von ihm kalkulierte Gewinn im Fall einer „freien" Kündigung durch den AG nicht erspart. Die zur Abgeltung des allgemeinen Unternehmerwagnisses kalkulierte Kostenposition dient vielmehr zur Absicherung von Risiken, die mit dem Geschäftsbetrieb als solchem verbunden sind. Ihr stehen keine tatsächlichen Kosten des AN gegenüber. **Es kommt daher nicht darauf an, ob sich das Risiko, das mit diesem Wagniszuschlag abgedeckt werden soll, im konkreten Fall verwirklicht hat oder nicht.** Das durch den Geschäftsbetrieb im Allgemeinen begründete Risiko des AN besteht unabhängig davon, ob im Einzelfall der Vertrag ausgeführt wird. An etwa abweichenden Aussagen aus einem früheren Urteil hält der BGH nicht fest. **Anders verhält es sich mit vom AN kalkulierten Zuschlägen für Einzelwagnisse, die die mit der Leistungserstellung in den einzelnen Tätigkeitsgebieten des Betriebs verbundenen Verlustgefahren abgelten sollen.** Diese können erspart sein, denn der AN ist das mit dieser Kostenposition vergütete Risiko tatsächlich nicht eingegangen, wenn es nicht zur Ausführung der mit diesem Risiko verbundenen Vertragsleistung kommt."

RA und FA für Bau- und Architektenrecht Dr. Claus Schmitz, München, nach IBR

Bauvertrag "frei" gekündigt: AGK sowie Wagnis und Gewinn sind nicht erspart! (aus IBR)

1. Legt der Auftragnehmer seine Ersparnisse und den anderweitigen Erwerb dar, genügt die Rüge der fehlenden Schlüssigkeit oder ein Bestreiten mit Nichtwissen nicht. Der Auftraggeber muss vielmehr einen ergänzenden Vortrag anmahnen, den er benötigt, um die Ausführungen des Auftragnehmers kritisch zu hinterfragen.
2. Allgemeine Geschäftskosten sowie Wagnis und Gewinn sind keine ersparten Aufwendungen.

OLG Dresden, Urteil vom 20.03.2015 - 6 U 967/14; BGH, Beschluss vom 27.09.2017 - VII ZR 63/15

Ein hoher Wagniszuschlag für allgemeine Unternehmensrisiken ist bei Mindermengen oder Teilkündigung von Vorteil.

Widerspruch zu Ihrer Kürzung des Einheitspreises
hier: Ihre Kürzung des Anteiles „Wagnis" bei reduzierter Menge

Sehr geehrte Damen und Herren,
mit Ihrer Prüfung unserer Rechnung vom ... kürzen Sie die Einheitspreise in folgenden Positionen wegen angeblichem Wegfall des Wagnisanteiles für die nicht ausgeführte Menge ....
Für die genannten Positionen ist das von uns kalkulierte Verhältnis von Wagnis und Gewinn Grundlage der Preisermittlung. Dies ist nicht durch eigene persönliche Schätzung des Auftraggebers möglich, sondern es sind die Ausgangswerte der Kalkulation anzuwenden.
Wir haben unternehmensintern ein umfassendes Maßnahmenbündel zur Reduzierung der Wagnisse eingeführt.
Auf dieser Grundlage teilen wir den Zuschlag für Wagnis und Gewinn in unserer Kalkulation wie folgt auf:

1. Allgemeine projektunabhängige Unternehmenswagnisse: *(Beispiel 50%)* des Zuschlages für Wagnis und Gewinn
2. Leistungsbezogene Wagnisse *(Beispiel: 10 %)* des Zuschlages für Wagnis und Gewinn
3. Gewinn *(Beispiel: 40%)* des Zuschlages für Wagnis und Gewinn.

Bei Wegfall einer Position oder Reduzierung der Mengen reduziert sich nur der Betrag der leistungsbezogenen Wagnisse. Wir hoffen, dass damit für Sie unsere Preisbildung nachvollziehbar ist und bitten den von uns ausgewiesenen Betrag/die Differenz des Kürzungsbetrages an uns auszuzahlen.
Hilfsweise verweisen wir außerdem auf folgendes Urteil:
„Der vom Auftragnehmer im Rahmen eines Einheitspreisvertrags auf der Grundlage des Formblatts 221 (VHB 2008) kalkulierte Zuschlag für Wagnis ist nicht als ersparte Aufwendung von der Vergütung nach § 649 Satz 2 BGB, § 8 Nr. 1 Abs. 2 VOB/B 2006 in Abzug zu bringen, da hiermit das allgemeine unternehmerische Risiko abgesichert werden soll."
BGH, Urteil vom 24.03.2016 - VII ZR 201/15

Beispielrechnung: siehe Kapitel Mindermengen

2.6.2 Wagnisanteile bei Mehrmengen, geänderten Leistungen und Zusatzleistungen

Nach Vertragsabschluss können sich die leistungsbezogenen Wagnisse z.B. aufgrund folgender Konstellationen ändern:

- Für eine Teilleistung, für die ein hohes Gewährleistungsrisiko besteht, die aber nur in sehr geringen Umfang vereinbart war, wird auf Anordnung des Auftraggebers eine deutliche Mehrmenge ausgeführt. In der Angebotskalkulation spielten die Wagnisse für diese Teilleistung aufgrund der geringen Menge zunächst keine Rolle (Durchschnittsbildung der Wagnisanteile). Aufgrund der deutlichen Mengenmehrung kommen nun aber diese Wagnisse verstärkt zum Tragen.
- Eine vom Auftraggeber angeordnete Leistungsänderung führt dazu, dass der Auftragnehmer für die geänderte Leistungen ein höheres Gewährleistungsrisiko hat (ohne dass er Bedenken gegen die vorgesehene Ausführungsart haben muss).
- Nach Vertragsabschluss treten Wagnisse auf, die bei Angebotsabgabe objektiv nicht erkennbar waren.

Beispiel Garten- und Landschaftsbau: **Wagniszuschlag in der** Nachtragskalkulation bei Mehrmengen in einzelnen Teilleistungen:

1. Im Auftrag sind die unterschiedlichsten Leistungen (Erdstoffaushub, Abdecken mit Mutterboden, Anlegen von Wegen, Bepflanzung mit Sträuchern, ein Großgehölz) enthalten.
2. Für das Großgehölz wird das Anwuchsrisiko vom Fachbetrieb mit 10 % eingeschätzt. Für die anderen Leistungen schätzt der Betrieb das leistungsbezogene Risiko mit 2 % ein.
3. Der Gesamtauftrag wird mit einem durchschnittlichen Wagniszuschlag von 2 % kalkuliert, da die Position „großgehölz" nur wenige Prozente des Gesamtangebotes ausmacht Damit hatte auch der EP für die Pos. 1 Stck „Großgehölz" einen durchschnittlichen Wagniszuschlag von 2 %. Ein EP ohne Wagniszuschlag (Gewinn und AGK bereits enthalten) von 200,- €. Im Gesamtangebot ergibt sich ein Nettopreis von 204,- €
4. Der Auftraggeber fordert nun nicht nur 1 Stück, sondern 21 Stück insgesamt.
5. Nun kommt der erhöhte Wagniszuschlag zum Tragen. Zusätzlich 20 Stück mit einem Wagniszuschlag von 10 % (auf 200,- €) ergibt 400,- € Wagniszuschlag in dieser Nachtragsposition.

Hätte der Unternehmer mit dem durchschnittlichen Wagniszuschlag weiter gerechnet, sind das 20 x 4,- € = 80,- €. **Der Unternehmer verliert in dieser Position 320,- €.** Dieses Geld verschenkt er, wenn er nicht diesen kurzen Nachweis führt

Praxishinweis:
Auch wenn die Darstellung zunächst kompliziert oder abstrakt klingt, ist es verschenktes Geld, wenn der Unternehmer hier zu seinem Nachteil einen Nachtrag falsch kalkuliert.

Wagnisse aus Zahlungsverzug des AG

grobe Übersicht der Wirkung des Zahlungsverzuges auf der Grundlage durchschnittlicher Kapitalausstattung in der deutschen Bauwirtschaft (erste Vorschläge)

<table>
<tr><th>Höhe, bezogen auf einen Monatsumsatz</th><th>Zeit (Zahlungseingang nach Erreichen des Zahlungszieles)</th><th>Konsequenz</th><th>Zusätzlicher Wagniszuschlag in Nachträgen</th></tr>
<tr><td>25 %</td><td>1 - 2 Monate</td><td>Skontierung eingehender Rechnungen ist ohne Zahlungsverzug bei anderen eigenen Zahlungsverpflichtungen nicht mehr möglich</td><td>mind. 2 %</td></tr>
<tr><td>25 %</td><td>4 Monate</td><td rowspan="2">Eigene laufende Zahlungsverpflichtungen können nicht mehr pünktlich bedient werden</td><td>6 – 8 %</td></tr>
<tr><td>50 %</td><td>1 Monat</td><td>8 – 10 %</td></tr>
<tr><td>50 %</td><td>4 Monate</td><td rowspan="2">Unternehmer wird z.B. bei falschen Mangelrügen zu unangemessenen Zugeständnissen bereit sein</td><td>ca. 30 %</td></tr>
<tr><td>100 %</td><td>1 Monat</td><td>ca. 60 %</td></tr>
<tr><td>100 %</td><td>2 Monate</td><td>Unternehmer wird hinsichtlich unangemessener Zugeständnisse erpressbar</td><td rowspan="2">Nicht mehr mit Wagniszuschlägen abzudecken</td></tr>
<tr><td>100 %</td><td>4 Monate</td><td>Insolvenzgefahr wegen fehlender Liquidität und zusätzliche Gefahr des Vorwurfes der Insolvenzverschleppung bzw. Haftung nach BauFordSiG</td></tr>
</table>

3. Nachtragskalkulation nach BGB

Besonderheiten der Nachtragskalkulation nach BGB gegenüber der VOB/B

- Das BGB hat keine 10 % - Klausel wie die VOB/B in § 2 Abs. 3 für Über- oder Unterschreitung des Mengenansatzes. Der Einheitspreis ist zunächst unabhängig von der Menge (Ausnahme: deutliche Mehrmengen in Positionen mit stark überhöhte Einheitspreisen für Kleinmengen).
- Das BGB kennt die „Ausgleichsrechnung“ nach VOB/B in § 2 Abs. 3 Nr. 3 nicht.
- Im BGB wird keine Unterscheidung zwischen Einheitspreisvertrag und Pauschalvertrag vorgenommen (die Begriffe kommen nicht vor).
- Im BGB werden keine „Nebenleistungen“ eines Gewerkes beschrieben. Im Geschäftsverkehr zwischen am Bau erfahrenen Vertragspartnern können sie als „Verkehrssitte des Gewerkes“ gelten.
- Die Aufmaßregeln der VOB/C gelten ohne ausdrückliche Vereinbarungen nicht in Verträgen mit dem Verbraucher. Im Geschäftsverkehr zwischen am Bau erfahrenen Vertragspartnern können sie als „Verkehrssitte des Gewerkes“ gelten.
- Für angeordnete (notwendige und nicht notwendige) Leistungen hat der Unternehmer bei der Nachtragskalkulation das Wahlrecht entweder auf die Werte einer vereinbarungsgemäß hinterlegten Urkalkulation zurückzugreifen oder er kann die „tatsächlich erforderlichen Kosten“ mit „angemessenen Zuschlägen für AGK, Wagnis und Gewinn“ als Nachtragsforderung kalkulieren. **Die Wahlmöglichkeit besteht für jeden Nachtrag nur insgesamt!** Wurden die Baustellengemeinkosten in der Angebotskalkulation als prozentualer Zuschlag im Einheitspreis kalkuliert, sind in der Nachtragskalkulation diese nicht als prozentualer Zuschlag sondern in absoluter Höhe im Nachtrag aufzuführen. Mit der Kalkulation der tatsächlich erforderlichen Kosten und angemessenen Zuschlägen, kann sich der Unternehmer für die Nachtragskalkulation komplett von seiner Angebotskalkulation lösen.
- Die Parteien können Vereinbarungen zur Art der Nachtragsberechnung treffen. Sie können sich damit auch an Verfahren der VOB/B (und die dazugehörige Literatur) anlehnen.
- Das BGB hat eine von der VOB/B abweichende Regelung für die Zahlungsverpflichtung des Auftraggebers bei strittigen Nachträgen. (s.u.)

Abschlagszahlungen bei strittigen Nachträgen

Für die Tagespraxis erscheint aus den unterschiedlichen Regelungen des BGB und der VOB/B das unterschiedliche Vorgehen des AN bei strittigen Nachträgen besonders interessant. Während bei Anwendung der Regeln der VOB/B das Durchsetzen von Abschlagszahlungen bei strittigen Nachträgen (dem Grunde nach und der Höhe nach) schwieriger ist, kann der Unternehmer bei Anwendung der BGB-Regelungen 80 % der kalkulierten Nachtragsvergütung in der Abschlagsrechnung geltend machen. Der Streit zur Berechtigung des Nachtrages findet mit der Schlussrechnungsstellung statt, wenn sich der Auftraggeber nicht vorher durch eine Einstweilige Verfügung gewehrt hat. Bei Redaktionsschluss blieb unklar, ob der

Unternehmer bei Vereinbarung der VOB/B als AGB hier ein Wahlrecht hat. Die Rechtsprechung tendiert zu der Auffassung, dass dies möglich sei. Auf eine einfache praxisgerechte Formel gebracht, wäre bei Vereinbarung der VOB/B als AGB bei strittigen Nachträgen:

- AN setzt 100 % seiner Forderung in die Abschlagsrechnung ▶ der AG kann die Forderung insgesamt streichen.
- AN setzt 80 % seiner Forderung mit Bezug auf BGB § 650 b + c in die Abschlagsrechnung (Voraussetzung ist eine Anordnung des Auftraggebers) ▶ der AG hat diese zu zahlen und kann sich nur durch einstweilige Verfügung dagegen wehren.

AG verlangt eine Leistung, für die der AN eine zusätzliche Vergütung möchte. Der AG bestreitet die Vergütungsforderung des AN.

BGB	**VOB/B**
Der AG weist die Änderung gem. BGB § 650 b an. Die Vergütung ist in BGB § 650 c geregelt.	Der AG weist die Änderung gem. VOB/B § 1 Abs. 3 + 4 an. Die Vergütung ist in § 2 Abs. 5 + 6 geregelt.
▼	▼
Der AG muss 80 % der in einer Abschlagsrechnung vom AN geltend gemachten Forderung bezahlen. (außer bei einstweiliger Verfügung dagegen)	Der AG kann die Nachtragsforderungen „dem Grunde nach" ablehnen und kann sie aus der Abschlagsrechnung streichen.
▼	▼
Ein detaillierter Nachweis ist bei der Schlussrechnung notwendig.	Die Abschlagsforderungen sollten bei Schlussrechnung erneut gefordert werden.
▼	
Bei Überzahlung des AN hat dieser das zu viel gezahlte Geld verzinst zurückzuzahlen.	

Möglichkeiten der Nachtragskalkulation im BGB-Vertrag

Nachtragskalkulation

1. Bauvorhaben:
2. Nachtragsnummer (oder Sachverhalt) *z.B. zusätzliche Stemmarbeiten*
3. Raum, Achse, Bereich: *räumliche Zuordnung genau vornehmen, da ggf. später die gleichen Arbeiten in anderen Räumen notwendig sind*
4. Ihre Anordnung vom … / unsere Mehrkostenanmeldung vom …
5. Sachverhalt *(kann auch Ursache und Inhalt sein)*
6. *Die angeordnete Leistung ist weder nach dem geschlossenen Vertrag noch nach der Verkehrssitte geschuldet.*
7. Anspruchsgrundlage (Preisniveau): *die Kalkulation erfolgt*
   - □ ***auf der Grundlage der tatsächlich erforderlichen Kosten mit angemessenen Zuschlägen für Allgemeine Geschäftskosten, Wagnis und Gewinn***
   - □ ***durch Rückgriff auf die Urkalkulation***
   - □ ***in Anlehnung an die vereinbarte Kalkulationsmethode zur VOB/B § 2 Abs. 5***
   - □ ***in Anlehnung an die vereinbarte Kalkulationsmethode zur VOB/B § 2 Abs. 6***
   - □ ***auf der Grundlage ortsüblicher Preise gem. BGB § 632***
   - □ ***auf der Grundlage der Vereinbarung zur Vergütungsanpassung vom ….***
8. Leistung: …..
   - □ *Es handelt sich um eine Mehrleistung, die bereits im Vertrag beschrieben ist. Der vereinbarte Einheitspreis kann beibehalten werden.*
   - □ *Es handelt sich um eine Mehrleistung, die bereits im Vertrag beschrieben ist, für die jedoch ein neuer Einheitspreis gebildet werden muss*
   - □ *Es handelt sich um eine zusätzliche Leistung.*
9. Kalkulation:
   Auf der Grundlage der Auftragskalkulation kann festgestellt werden, dass
   - □ *der vereinbarte Einheitspreis beibehalten werden kann, da sich die Einzelkosten der Teilleistung nicht ändern,*
   - □ *der vereinbarte Einheitspreis erhöht werden muss, da folgende Einzelkosten der Teilleistung sich erhöhen …. und zwar um …. Damit ergeben sich folgende neuen Einheitspreise …*
   - □ *für die angeordnete Leistung sind die tatsächlich erforderlichen Kosten und die angemessenen Zuschläge für AGK, Wagnis und Gewinn zu erstatten.*
   - □ *die ortsübliche Vergütung gem. BGB §632 anzusetzen ist.*
10. Änderungen anderer Leistungsteile:
    - □ Andere Leistungsteile sind von diesem Nachtrag nicht betroffen.
    - □ Folgende Leistungen ändern sich aufgrund der hier beschriebenen Leistung … eine Kalkulation hierzu ist uns derzeit noch nicht möglich.
    - □ folgende Leistungen entfallen ….

3.1 Die Anordnung des Auftraggebers und die Vergütungsanpassung

BGB (Fassung 1.1.2018) **§ 650 b Änderung des Vertrages; Anordnungsrecht des Bestellers**	**VOB/B** **Fassung 2016** **§ 1 Art und Umfang der Leistung**
(1) Begehrt der Besteller *1. eine **Änderung des vereinbarten Werkerfolgs** (§ 631 Absatz 2)* *oder* *2. eine **Änderung, die zur Erreichung des vereinbarten Werkerfolgs notwendig** ist,* *streben die Vertragsparteien Einvernehmen über die Änderung und die infolge der Änderung zu leistende Mehr- oder Mindervergütung an. Der Unternehmer ist verpflichtet, ein Angebot über die Mehr- oder Mindervergütung zu erstellen, im Falle einer Änderung nach Satz 1 Nummer 1 jedoch nur, wenn ihm die Ausführung der Änderung zumutbar ist. Macht der Unternehmer betriebsinterne Vorgänge für die Unzumutbarkeit einer Anordnung nach Absatz 1 Satz 1 Nummer 1 geltend, trifft ihn die Beweislast hierfür. Trägt der Besteller die Verantwortung für die Planung des Bauwerks oder der Außenanlage, ist der Unternehmer nur dann zur Erstellung eines Angebots über die Mehr oder Mindervergütung verpflichtet, wenn der Besteller die für die Änderung erforderliche Planung vorgenommen und dem Unternehmer zur Verfügung gestellt hat. Begehrt der Besteller eine Änderung, für die dem Unternehmer nach § 650c Absatz 1 Satz 2 kein Anspruch auf Vergütung für vermehrten Aufwand zusteht, streben die Parteien nur Einvernehmen über die Änderung an; Satz 2 findet in diesem Fall keine Anwendung.* Hinweis Es ist zu unterscheiden: • nicht notwendige Leistung (bzw. Leistungsänderung). ***„Änderung des vereinbarten Werkerfolges"*** • zwingend notwendige Leistung (bzw. Leistungsänderung) ***„Änderung, die zur Erreichung des vereinbarten Werkerfolgs notwendig ist"***	*(3) Änderungen des **Bauentwurfs** anzuordnen, bleibt dem Auftraggeber vorbehalten.* *(4) Nicht vereinbarte Leistungen, die zur Ausführung der vertraglichen Leistung **erforderlich werden**, hat der Auftragnehmer auf Verlangen des Auftraggebers mit auszuführen, außer wenn sein Betrieb auf derartige Leistungen nicht eingerichtet ist. Andere Leistungen können dem Auftragnehmer nur mit seiner Zustimmung übertragen werden.* ***§ 2 Vergütung*** *(5) Werden durch Änderung des Bauentwurfs oder andere Anordnungen des Auftraggebers die Grundlagen des Preises für eine im Vertrag vorgesehene Leistung geändert, so ist ein neuer Preis unter Berücksichtigung der Mehr- oder Minderkosten zu vereinbaren. Die Vereinbarung soll vor der Ausführung getroffen werden.* *(6) 1. Wird eine im Vertrag nicht vorgesehene Leistung gefordert, so hat der Auftragnehmer Anspruch auf besondere Vergütung. Er muss jedoch den Anspruch dem Auftraggeber ankündigen, bevor er mit der Ausführung der Leistung beginnt.* *2. Die Vergütung bestimmt sich nach den Grundlagen der Preisermittlung für die vertragliche Leistung und den besonderen Kosten der geforderten Leistung. Sie ist möglichst vor Beginn der Ausführung zu vereinbaren.* *(9) 1. Verlangt der Auftraggeber Zeichnungen, Berechnungen oder andere Unterlagen, die der Auftragnehmer nach dem Vertrag, besonders den Technischen Vertragsbedingungen oder der gewerblichen Verkehrssitte, nicht zu beschaffen hat, so hat er sie zu vergüten.*
*(2) Erzielen die Parteien binnen 30 Tagen nach Zugang des Änderungsbegehrens beim Unternehmer keine Einigung nach Absatz 1, kann der Besteller die **Änderung in Textform anordnen**. Der Unternehmer ist verpflichtet, der Anordnung des Bestellers nachzukommen, einer Anordnung nach Absatz 1 Satz 1 Nummer 1 jedoch nur, wenn ihm die Ausführung zumutbar ist. Absatz 1 Satz 3 gilt entsprechend.*	◄

	BGB-Text § 650 c	Erläuterungen und Konsequenzen für die Tagespraxis
1	***§ 650 c Vergütungsanpassung bei Anordnungen nach § 650b Absatz 2***	die folgenden Festlegungen gelten nach der Überschrift des Paragrafen **<u>nur bei Anordnung</u>** durch den AG. **Gibt es eine andersartige Einigung über die Vergütung, treffen die folgenden Festlegungen zur Nachtragskalkulation nicht zu.**
2	*(1) Die Höhe des Vergütungsanspruchs für den infolge einer Anordnung des Bestellers nach § 650b Absatz 2 vermehrten oder verminderten Aufwand ist nach den **<u>tatsächlich erforderlichen</u>** Kosten mit angemessenen Zuschlägen für allgemeine Geschäftskosten, Wagnis und Gewinn zu ermitteln.*	1. Für die nicht geänderten Leistungen bleibt der vereinbarte Preis bestehen. 2. für die geänderten Leistungen wird ein neues Rechenverfahren eingeführt. Es sind die **<u>tatsächlich</u> <u>erforderlichen</u>** Kosten ohne und mit Änderung gegenüber zu stellen. **Die Differenz** ist danach mit *„angemessenen"* Zuschlägen für AGK, Wagnis und Gewinn zu beaufschlagen. **Achtung:** • Die tatsächlich erforderlichen Kosten können über als auch unter den entstehenden Kosten im Unternehmen liegen. Hier können hilfsweise Aufwandstabellen herangezogen werden. • Da die BGK nicht genannt sind, müssen sie in der Kostenaufstellung als Absolutbetrag erscheinen! • Da bei diesem Vorgehen nicht auf die Urkalkulation zurückgegriffen werden soll, können sich die Zuschläge für AGK, Wagnis und Gewinn gegenüber der Urkalkulation ändern.
3	*Umfasst die Leistungspflicht des Unternehmers auch die Planung des Bauwerks oder der Außenanlage, steht diesem im Fall des § 650b Absatz 1 Satz 1 Nummer 2 kein Anspruch auf Vergütung für vermehrten Aufwand zu.*	Hatte der Unternehmer die Planung (im weitesten Sinne) übernommen, steht ihm für die **notwendige** Leistungsänderung oder **notwendige** Zusatzleistung nach dieser Formulierung keine zusätzliche Vergütung zu. **Es handelt sich somit um eine (indirekte) Pauschalierung, auch wenn das Angebot Leistungspositionen mit Mengenangaben enthält.**
4	*(2) Der Unternehmer kann zur Berechnung der Vergütung für den Nachtrag auf die Ansätze in einer vereinbarungsgemäß hinterlegten Urkalkulation zurückgreifen. Es wird vermutet, dass die auf Basis der*	Der Unternehmer hat das Wahlrecht entweder nach Abs. 1 zu kalkulieren oder bei hinterlegter Urkalkulation auf diese Werte zurückzugreifen. Dieses Wahlrecht besteht für jeden Nachtrag nur insgesamt. Ein Wechsel der Kalkulation nach Abs. 1

	Urkalkulation fortgeschriebene Vergütung der Vergütung nach Absatz 1 entspricht.	oder 2 ist jedoch von Nachtrag zu Nachtrag möglich.
5	*(3) Bei der Berechnung von vereinbarten oder gemäß § 632a geschuldeten **Abschlagszahlungen kann der Unternehmer 80 Prozent** einer in einem Angebot nach § 650b Absatz 1 Satz 2 genannten Mehrvergütung ansetzen, wenn sich die Parteien nicht über die Höhe geeinigt haben oder keine anderslautende gerichtliche Entscheidung ergeht.*	Hält der AG die Forderung überhöht, muss er eine gerichtliche Entscheidung herbeiführen.
6	*Wählt der Unternehmer diesen Weg und ergeht keine anderslautende gerichtliche Entscheidung, wird die nach den Absätzen 1 und 2 geschuldete Mehrvergütung erst nach der Abnahme des Werkes fällig.*	Kommt die vorläufige Berechnung der Abschläge nach der 80-%-Regelung zur Anwendung, erfolgt die genaue Berechnung der Mehrvergütung erst in der Schlussrechnung. Der Anspruch des Unternehmers auf die nach den Absätzen 1 und 2 berechnete Mehrvergütung wird dann erst nach der Abnahme des Werkes fällig.
7	*Zahlungen nach Satz 1, die die nach den Absätzen 1 und 2 geschuldete Mehrvergütung übersteigen, sind dem Besteller zurückzugewähren und ab ihrem Eingang beim Unternehmer zu verzinsen. § 288 Absatz 1 Satz 2, Absatz 2 und § 289 Satz 1 gelten entsprechend.*	***BGB § 288*** *„(1) Eine Geldschuld ist während des Verzugs zu verzinsen. Der Verzugszinssatz beträgt für das Jahr fünf Prozentpunkte über dem Basiszinssatz.* *(2) Bei Rechtsgeschäften, an denen ein Verbraucher nicht beteiligt ist, beträgt der Zinssatz für Entgeltforderungen neun Prozentpunkte über dem Basiszinssatz."*

Kalkulationsvarianten bei Anordnung durch den AG nach BGB § 650 b

	Situation		Kalkulation (Varianten nach Wahl des Unternehmers)
1	Es gab ein Einheitspreisgerüst. Dies wurde Vertragsbestandteil. Der AG weist **Mehrmengen** zu einer Position an, die im Einheitspreisgerüst enthalten ist.	A	Die vertraglich vereinbarte Menge wird zum Vertragspreis abgerechnet. Die über die Vertragsmenge hinaus gehende Menge wird nach den tatsächlich erforderlichen Kosten und angemessenen Zuschlägen abgerechnet.
		B	Die Mehrmenge wird nach den Vertragspreisen abgerechnet. Der Unternehmer muss ggf. die Kalkulation offenlegen, wenn extrem überhöhte Einheitspreise im Angebot/Vertrag enthalten waren.
2	Es gab ein Einheitspreisgerüst. Dies wurde Vertragsbestandteil. Der Auftraggeber weist nun eine vorher nicht beauftragte **Alternativposition** an. Die „Vertragsposition" entfällt.		Bleibt das Mengengerüst erhalten, wird mit den EP der Alternativposition abgerechnet. Ändert sich auch das Mengengerüst, treffen die Aussagen gem. Situation 1 zu.
3	Es gab ein Einheitspreisgerüst. Dies wurde Vertragsbestandteil. Der Auftraggeber weist eine **Eventualpositio**n an, die mit einem **Mengengerüst** versehen war.		Es gelten die Aussagen gem. Situation 1
4	Es gab ein Einheitspreisgerüst. Dies wurde Vertragsbestandteil. Der Auftraggeber weist eine **Eventualpositio**n an, die mit der Menge **„1"** versehen war. (Hinweis: Im Angebot sollten auf keinen Fall nicht auskömmliche Preise enthalten sein; z.B. 0,01 €)	A	Der Auftragnehmer muss/kann die Menge 1 zum Vertragspreis abrechnen. Für die darüber hinaus gehende Menge kommt es darauf an, ob der EP spekulativ stark überhöht ist. Dann kann der Auftraggeber verlangen, dass die über die Menge 1 hinaus gehende Menge nach den tatsächlich erforderlichen Kosten und angemessenen Zuschlägen abgerechnet wird.
		B	Die Vertragsparteien sind sich einig, dass der EP ein mengenunabhängiger Preis ist. Der Unternehmer muss ggf. die Kalkulation offenlegen.
5	Es gab ein Einheitspreisgerüst. Im Rahmen des Vertragsabschlusses wurde das Mengengerüst aufgehoben und auf der Grundlage der Pläne ein Pauschalpreis gebildet. Der **AG weist:**		Voraussetzung für die folgenden Kalkulationen ist eine **<u>Anordnung des AG</u>**. Fehlt diese, gelten die Prinzipien zum Pauschalpreis (Erkennbarkeit in Plänen?)
	• Mehrmengen an		Es gelten die Aussagen zu 1 A + B
	• eine alternative Ausführung an für die es **eine** Alternativposition gab		Bleibt das Mengengerüst erhalten, wird nach den EP der Alternativposition abgerechnet. Ändert sich auch das

			Mengengerüst, treffen die Aussagen gem. Situation 1 zu.
	• eine alternative Ausführung an, für die es **keine** Position gab		Die Leistung wird nach den tatsächlich erforderlichen Kosten und angemessenen Zuschlägen abgerechnet. Die Kosten für die ursprünglich vereinbarte Ausführung werden abgezogen.
	• Eventualpositionen an.		1.Klärung ob die Eventualposition noch Vertragsbestandteil ist, oder durch die Pauschalierung entfallen ist.
			2. Weiteres Vorgehen nach Pkt. 3 (verweist auf Situation 1) oder Punkt 4
	Es wurde ein Pauschalvertrag auf der Grundlage von Plänen geschlossen. Ein LV gab es nicht. Der AG weist		Voraussetzung für die folgenden Kalkulationen ist eine <u>**Anordnung des AG**</u>. Fehlt diese, gelten die Prinzipien zum Pauschalpreis (Erkennbarkeit in Plänen?)
6	• Mehrmengen an		Die Leistung wird nach den tatsächlich erforderlichen Kosten und angemessenen Zuschlägen abgerechnet. Wenn es eine hinterlegte (oder plausible) vorgelegte Urkalkulation gibt, kann auch danach abgerechnet werden.
	• eine alternative Ausführung an		

Einigen sich die Vertragsparteien nicht über die Höhe der Vergütung, kann der AN Abschlagszahlung in Höhe von 80 % des Nachtragsangebotes geltend machen

1. Auftraggeber möchte Änderung

▼

2. Auftragnehmer hat zwei Möglichkeiten der Nachtragskalkulation
   - AN kalkuliert tatsächlich erforderliche Kosten + angemessene Zuschläge für AGB, W + G **oder**
   - AN greift auf die Werte der hinterlegten Urkalkulation zurück

▼

3. Auftragnehmer muss ein Nachtragsangebot zum Änderungswunsch des Auftraggebers unterbreiten (für nicht notwendige Leistungen nur, wenn ihm die Änderung zumutbar ist)

▼

4. AN und AG erzielen keine Einigung über die Höhe der Mehrvergütung

▼

5. AG **ordnet die Leistung an** und sie ist für den AN zumutbar („Zumutbarkeit" für nicht notwendige Leistung)

▼

6. Auftragnehmer kann 80 % der kalkulierten Mehrvergütung als Abschlag verlangen. (Für den Anspruch des Auftragnehmers auf die Abschlagzahlung ist es nicht relevant, ob die im Angebot enthaltene Mehrvergütung dem Auftragnehmer tatsächlich gemäß § 650c Abs. 1, 2 BGB zusteht.)

▼

7. Hält der AG die Forderung überhöht, muss er eine gerichtliche Entscheidung (einstweilige Verfügung) herbeiführen.

▼

8. Die genaue Berechnung der Mehrvergütung erfolgt erst in der Schlussrechnung. Der Anspruch des Unternehmers auf die nach den Absätzen 1 und 2 berechnete Mehrvergütung wird dann erst nach der Abnahme des Werkes fällig.

Zum **Angebot des Unternehmers** über die Mehr- oder Mindervergütung für eine „freie Änderung" heißt es in der Literatur:
„Das Gesetz verpflichtet den Unternehmer nicht weitergehend, den geforderten Preis näher aufzuschlüsseln oder gar nachvollziehbar („prüfbar") aus seiner Kalkulation bzw. tatsächlichen Kostenveränderungen abzuleiten. Denn der Unternehmer wird nicht verpflichtet, eine Berechnung von Mehr- oder Minderkosten, sondern nur „ein **Angebot** über die Mehr- oder Mindervergütung" vorzulegen; nur Ersteres würde ihn zu einer nachvollziehbaren Berechnung verpflichten. Mit seinem Angebot verlangt der Unternehmer einen Preis. **Soweit der Unternehmer in der Preisbildung frei ist, muss er seinen Preis auch nicht begründen.**"[13]

[13] aus Kniffka/von Rintelen, IBR-online-Kommentar Bauvertragsrecht, Stand 20.11.2017

Praxistipp
Die Höhe der geforderten Mehrvergütung hat in diesem Fall die Obergrenze etwa beim Doppelten des ortsüblichen Preises zum Zeitpunkt des Angebotes. Höhere Forderungen würden als sittenwidrig einzustufen sein. Der Unternehmer kann sich also bei seinem Angebot (insbesondere für die nicht notwendige Leistung) vom Preisniveau seines Vertrages lösen.

ABER
Es ist möglich, dass der Auftraggeber in Abweichung von der gesetzlichen Regelung im Vertrag die Nachtragsbeauftragung von einem prüfbaren schriftlichen Angebot abhängig macht. Der AG kann dann die Annahme eines Angebots verweigern, solange eine schriftliche prüfbare Aufstellung nicht vorliegt. In diesem Fall gibt es keine wirksame Nachtragsbeauftragung, solange ein Vertrag über den Nachtrag nicht zustande gekommen ist.

Widerspruch zu Ihrer Behauptung, unser Vergütungsanspruch sei nicht berechtigt
Sehr geehrte Damen und Herren,
□ mit Schreiben vom ...
□ im Rahmen der Baustellenberatung am ...
□ im Gespräch am ...
weisen Sie unseren Vergütungsanspruch unberechtigt zurück.
Wir betonen hiermit nochmals, dass die auszuführende Leistung nicht im Vertrag vorgesehen ist. Da Sie die Leistung angeordnet haben, werden wir die Leistung ausführen und nach wie vor auf der zusätzlichen Vergütung für diese Leistung bestehen und entsprechend den gesetzlichen Regelungen des BGB § 650 c anteilig in unseren Abschlagsrechnungen in Rechnung stellen.

Gelingt es also den Parteien nicht, sich über die Vergütung zu einigen bzw. ist der Vergütungsanspruch noch nicht gerichtlich festgestellt, kann der Auftragnehmer 80% einer im Angebot genannten Mehrvergütung als Abschlag verlangen. **Für den Anspruch des Auftragnehmers auf die Abschlagzahlung ist es nicht relevant, ob die im Angebot enthaltene Mehrvergütung dem Auftragnehmer tatsächlich gemäß BGB § 650c zusteht.** Zwar kann der Auftraggeber überzahlte Beträge, nötigenfalls gerichtlich, zurückverlangen und er erhält auf die überzahlten Beträge die gesetzlichen Zinsen.
Der Auftragnehmer kann damit durch eine überhöhte Angebotssumme erreichen, dass er vor einer abschließenden Klärung in der Schlussrechnung einen großen Teil, also mehr als 80%, seiner Vergütung erhält. Verhindern kann der Auftraggeber das nur, indem er eine einstweilige Verfügung erwirkt.

Beispiel
(es stellt sich heraus, dass die tatsächlich erforderlichen Kosten über dem EP des Angebotes liegen)

Pos. 1.2.3	Menge	ME	Leistung	EP	GP
Ausschreibung und Vertrag	100	m²	XYZ	10,00 € / m²	1.000,00 €
insgesamt ausgeführt aufgrund einer Anordnung	300	m²	XYZ		
Abrechnung:					
1. Vertragsmenge	100	m²	XYZ	10,00 € / m²	1.000,00 €
2. angeordnete Zusatzmenge	200	m²	XYZ	12,50 € / m²	2.500,00 €
Summe					**3.500,00 €**
Forderung in der **Abschlagsrechnung** bei fehlender Einigung über den Nachtrag	100	m²	XYZ	10,00 € / m²	1.000,00 €
	200	m²	XYZ	12,50 € / m²	**0,8 x** 2.500,00 € = 2.000,00 €
	gesamt Abschlagsforderung				**3.000,00 €**

Neuer Einheitspreis für angewiesene Zusatzmenge (Nachweis muss mit der Schlussrechnung erbracht werden)

Material	4 € / m²	tatsächlich erforderliche Kosten
Lohn	5 € / m²	
BGK	1 € / m²	
Zwischensumme:	10 € / m²	
AGK, W + G 25 %	2,50 € / m²	
EP für Mehrmenge	**12,50 € / m²**	

Ist das dann die zukünftige Formel für die Nachtragsangebote? 😊

125 %	x	80 %	=	100 %
Angebot	**x**	**... des Angebotes in der Abschlagsrechnung**	**=**	**Abschlagszahlung in gewünschter Höhe**

Beispiel für die Berechnung bei Gewährung von Nachlässen <u>auf die Auftragsmenge</u>
(es wird angenommen, dass der EP im Angebot den tatsächlich erforderlichen Kosten + angemessenen Zuschlägen entspricht und der Nachlass nur für die Vertragsmenge gewährt wurde.)

Pos. 1.2.3	**Menge**	**ME**	**Leistung**	**EP**	**GP**
Angebot	100	m^2	XYZ	10,00 € / m^2	1.000,00 €
Nachlass im Vertrag 5%					- 950,00 €
EP aufgrund des Nachlasses				9,50 € / m^2	
insgesamt ausgeführt aufgrund einer Anordnung	300	m^2			
Abrechnung:					
1. Vertragsmenge	100	m^2	XYZ	9,50 € / m^2	950,00 €
2. angeordnete Zusatzmenge	200	m^2	XYZ	10,00 € / m^2	2.000,00 €
Summe					**2.950,00 €**
Forderung in der **Abschlagsrechnung** bei fehlender Einigung über den Nachtrag	100	m^2	XYZ	9,50 € / m^2	950,00 €
	200	m^2	XYZ	10,00 € / m^2	**0,8 x** 2.000,00 € = 1.600,00 €
	gesamt Abschlagsforderung				**2.550,00 €**

3.2 Tatsächlich erforderliche Kosten oder Rückgriff auf die Urkalkulation?

Bei Anordnung des AG gem. BGB 650b gilt:

> ***BGB § 650c Vergütungsanpassung bei Anordnungen nach § 650b Absatz 2***
> *(1) Die Höhe des Vergütungsanspruchs für den infolge einer Anordnung des Bestellers nach § 650b Absatz 2 vermehrten oder verminderten Aufwand ist nach* ***den tatsächlich erforderlichen Kosten mit angemessenen Zuschlägen für allgemeine Geschäftskosten, Wagnis und Gewinn zu ermitteln.*** *…*
>
> *(2) Der Unternehmer kann zur Berechnung der* ***Vergütung für den Nachtrag auf die Ansätze in einer vereinbarungsgemäß hinterlegten Urkalkulation zurückgreifen. Es wird vermutet, dass die auf Basis der Urkalkulation fortgeschriebene Vergütung der Vergütung nach Absatz 1 entspricht.***

Damit sind zwei Möglichkeiten der Nachtragsberechnung, nämlich

1. tatsächlich erforderliche Kosten und angemessene Zuschläge für AGK, Wagnis und Gewinn,
2. Fortschreibung der Werte aus der (hinterlegten) Urkalkulation

möglich.

1. Unternehmer unterbreitet Angebot aufgrund des Änderungswunsches des Auftraggebers
2. AN und AG erzielen keine Einigung
3. AG ordnet die Leistung an und sie ist für den AN zumutbar

→ AN kalkuliert tatsächlich erforderliche Kosten + angemessene Zuschläge, (BGB § 650c, Abs. 1)

oder

→ AN greift auf die Werte der hinterlegten (oder „schlüssig dargelegten") **Urkalkulation** zurück (BGB § 650c, Abs. 2)

Mit der Neufassung des BGB zum 1.1.2018 wurde ein neues Prinzip der Nachtragskalkulation eingeführt, dass mit dem Begriff „**tatsächlich erforderliche Kosten**" beschrieben wurde.

In der amtlichen Begründung zu diesen Paragraphen heiß es hierzu:
„Ergänzend zu den Regelungen für ein Anordnungsrecht des Bestellers in § 650b Absatz 2 BGB enthält § 650c BGB Vorgaben zur Berechnung der Mehr- oder Mindervergütung bei solchen Anordnungen. **Ziel der Einführung eines Berechnungsmodells für die Mehr oder Mindervergütung ist es, Spekulationen einzudämmen und Streit der Parteien über die Preisanpassung weitestgehend zu vermeiden. Die gesetzliche Regelung soll Anreize sowohl für eine korrekte Ausschreibung durch den Besteller als auch eine korrekte und**

nachvollziehbare Kalkulation durch den Unternehmer setzen. Durch die Berechnung der Mehr- oder Mindervergütung nach den tatsächlich erforderlichen Kosten soll insbesondere verhindert werden, dass der Unternehmer auch nach Vertragsschluss angeordnete Mehrleistungen nach den Preisen einer Urkalkulation erbringen muss, die etwa mit Blick auf den Wettbewerb knapp oder sogar nicht auskömmlich ist oder inzwischen eingetretene Preissteigerungen nicht berücksichtigt. Zugleich soll der Berechnungsmaßstab der tatsächlich erforderlichen Kosten die Möglichkeiten für den Unternehmer einschränken, durch Spekulationen ungerechtfertigte Preisvorteile zu erzielen.

Zu Absatz 1: Die Mehr- oder Mindervergütung soll nicht auf der Grundlage der für die geänderte Bauleistung insgesamt „üblichen Vergütung" im Sinne des § 632 berechnet werden. Zum einen gibt es für viele (Spezial-)Bauleistungen keine „übliche" Vergütung. Zum anderen würde bei Änderungsnachträgen, bei denen nur die Art der Ausführung der Bauleistung, nicht jedoch der Aufwand (Material, Zahl der Arbeitsstunden etc.) geändert wird, eine Berechnung der Mehr- oder Mindervergütung nach der üblichen Vergütung nicht zu angemessenen Ergebnissen führen.

Im Einzelnen ist Folgendes vorgesehen:

Die für die unveränderten Vertragsleistungen vereinbarten Preise bleiben unberührt. Mehr- oder Minderleistungen werden nach den hierfür tatsächlich erforderlichen Kosten mit angemessenen Zuschlägen für allgemeine Geschäftskosten, Wagnis und Gewinn abgerechnet. **Bei der Ermittlung des veränderten Aufwandes nach den tatsächlichen Kosten ist die Differenz zwischen den hypothetischen Kosten, die ohne die Anordnung des Bestellers entstanden wären, und den Ist-Kosten, die aufgrund der Anordnung tatsächlich entstanden sind, zu bilden. Diese Differenz ist die Grundlage für die Vergütung für den geänderten Aufwand**. Die Zuschläge für allgemeine Geschäftskosten, Wagnis und Gewinn müssen angemessen sein. Der bloße Verweis des Unternehmers auf die Urkalkulation genügt nicht, um die Angemessenheit der Zuschlagssätze darzulegen. Innerhalb einer Nachtragsberechnung darf es keine Kombination zwischen den tatsächlich erforderlichen Kosten einerseits und den kalkulierten Kosten andererseits geben, um keine Anreize für spekulative Kostenverschiebungen zu schaffen. Damit scheidet im Rahmen des Absatzes 1 ein Rückgriff auf die hinterlegte Urkalkulation aus. Die Berechnung der Mehr- oder Mindervergütung wird nicht um einen sogenannten Vertragspreisniveaufaktor ergänzt. Die Anwendung dieses Faktors würde dazu führen, dass die ursprünglich einkalkulierte Gewinn- oder Verlustspanne auch bei der Berechnung der Vergütung für die Nachträge zugrunde zu legen wäre, was im Ergebnis zu einer Potenzierung der Gewinne oder Verluste der Ausgangskalkulation führen würde. Stattdessen soll die im Wettbewerb für die Ausgangsleistungen zustande gekommene anteilige Gewinn- oder Verlustspanne für die jeweilige Bezugsposition in ihrer ursprünglichen Höhe (d. h. als **Absolutbetrag**) erhalten bleiben und dadurch das Preisrisiko für die Vertragsparteien begrenzt werden." [14]

[14] aus Kniffka/von Rintelen, IBR-online-Kommentar Bauvertragsrecht, Stand 20.11.2017

Aus der Begründung zum Gesetz ergibt sich danach

- **bei Minderkosten:**

„hypothetische“ Kosten beim Unternehmer ohne Änderung - Ist-Kosten im Unternehmen **= Minderkosten** (die mit den „angemessenen Zuschlägen“ für AGK, W + G zu beaufschlagen sind)

- **bei Mehrkosten**

Ist-Kosten im Unternehmen - „hypothetische“ Kosten beim Unternehmer ohne Änderung **= Mehrkosten** (die mit den „angemessenen Zuschlägen“ für AGK, W + G zu beaufschlagen sind)

Zu Absatz 2

„Um die Abrechnung praktikabel zu gestalten, wird dem Unternehmer die Möglichkeit eröffnet, zur Berechnung der Vergütung für den Nachtrag auf die Kostenansätze einer **vereinbarungsgemäß hinterlegten Urkalkulation** zurückzugreifen. Ergänzend greift eine **widerlegliche Vermutung**, dass die in dieser Urkalkulation enthaltenen beziehungsweise fortgeschriebenen Preis- und Kostenansätze den tatsächlich erforderlichen Kosten entsprechen und hinsichtlich der Zuschläge weiterhin angemessen sind. Hinsichtlich eines Zuschlags für allgemeine Geschäftskosten wird mithin vermutet, dass er weiterhin zutreffend ist. **Haben sich die allgemeinen Geschäftskosten erhöht, hat der Unternehmer die Möglichkeit, die Berechnungsmethode nach Absatz 1 zu wählen und sie auf andere Weise schlüssig darzulegen.** In die Vermutung für die Ansätze der Urkalkulation einbezogen wurden auch Zuschläge für Wagnis und Gewinn. Solche Zuschläge werden im Wettbewerb um die Ausgangsleistung erzielt, so dass es sachgerecht ist, sie über die Vermutung im Zweifel fortzuschreiben. Bei unternehmensbezogen kalkulierten Zuschlägen bezieht sich die widerlegliche Vermutung auch auf die in der Urkalkulation ausgewiesenen Ansätze und Bezugsgrößen, wie Umsatz, Bauzeit oder projektbezogene Festbeträge. Dadurch wird gewährleistet, dass die Vertragsparteien für die Ermittlung der tatsächlich erforderlichen Kosten keine Neuberechnung vornehmen müssen, sondern – wie bisher – auf die in der Regel vorhandene Urkalkulation des Unternehmers zurückgreifen können. Die Vermutungswirkung kann jedoch nur greifen, **wenn die vom Unternehmer offenbarte oder zumindest hinterlegte Urkalkulation ausreichend aufgeschlüsselt ist.** Ein wichtiger Nebeneffekt dieser Regelung ist

---

„Diese Gesetzesbegründung ist ersichtlich widersprüchlich. Zunächst werden - wie im Gesetzestext hervorgehoben - angemessene Zuschläge für Wagnis und Gewinn verlangt und betont, dass diese nicht der Kalkulation entnommen werden dürfen. Im zweiten Absatz heißt es dann, dass die Gewinne und Verluste des Ursprungsvertrages als Absolutbeträge erhalten bleiben sollen. Das passt nicht wirklich zusammen. Hintergrund ist, dass der zweite Absatz weitgehend wortwörtlich dem Abschlussbericht der Arbeitsgruppe Bauvertragsrecht beim BMJV entnommen wurde, obwohl die Arbeitsgruppe noch von einer ganz anderen Prämisse als das spätere Gesetz ausgegangen ist. Sie wollte die Zuschläge ausdrücklich der hinterlegten Kalkulation entnehmen.“

der Anreiz für den Unternehmer, die Kalkulationen nachvollziehbar zu gestalten, um sie – gestützt auf die gesetzliche Vermutung – für die Berechnung der „Ist-Kosten" heranziehen zu können."

Für den Unternehmer ergibt sich also ein **Wahlrecht**, ob er „Nachträge" auf Basis seiner ursprünglichen Kalkulation (Absatz 2) oder nach den tatsächlich erforderlichen Kosten (Absatz 1) abrechnen will. Um Spekulationen bei der Preisgestaltung zu verhindern, kann der Unternehmer das **Wahlrecht für jeden Nachtrag nur insgesamt** ausüben („Vergütung für den Nachtrag"). Je nachdem wie er sich entschieden hat, hat er konsequent entweder die Urkalkulation fortzuschreiben oder die tatsächlich erforderlichen Mehr- oder Minderkosten für die nachträglich angeordnete Leistung darzulegen.

Zu Absatz 3

Besteht zwischen den Parteien Streit über die nach den Absätzen 1 und 2 geschuldete Mehrvergütung, ergibt sich für den Unternehmer das Risiko, dass er die infolge der Änderung geschuldete Mehrleistung zunächst ohne Vergütung erbringt und eine Klärung der Mehrvergütung erst im Zusammenhang mit der Schlussrechnung erfolgt. Um hier zu gewährleisten, dass jedenfalls ein Teil der geschuldeten Mehrvergütung im Rahmen von Abschlagszahlungen berücksichtigt wird, sieht **Absatz 3 eine vorläufige Pauschalierung** vor. Danach kann der Unternehmer bei der Berechnung von vereinbarten oder gemäß § 632a geschuldeten Abschlagszahlungen 80 Prozent einer in einem Angebot nach § 650b Absatz 1 Satz 2 genannten Mehrvergütung ansetzen, wenn sich die Parteien nicht über die Höhe geeinigt haben oder eine anderslautende gerichtliche Entscheidung ergeht. Auf diese Weise erhält der Unternehmer während der Ausführung des Baus einen leicht zu begründenden **vorläufigen** Mehrvergütungsanspruch. Hält der Besteller ihn für überhöht, muss er gerichtlichen Rechtsschutz in Anspruch nehmen. Kommt die vorläufige Berechnung der Abschläge nach der 80-Prozent-Regelung zur Anwendung, erfolgt die genaue Berechnung der Mehrvergütung erst in der Schlussrechnung. Der Anspruch des Unternehmers auf die nach den Absätzen 1 und 2 berechnete Mehrvergütung wird dann erst nach der Abnahme des Werkes fällig (Satz 2). Für den Fall, dass sich nunmehr eine Überzahlung durch den Besteller ergibt, sieht Satz 3 einen Rückgewähranspruch vor."

„Tatsächlich erforderlich" – zum Konflikt der Begriffe bei isolierter Betrachtung

„tatsächlich"	**„erforderlich"**
▼	▼
Bei isolierter Betrachtung ► In entstandener Höhe, auch wenn es nicht wirtschaftlich ist.	erforderlich bei wirtschaftlicher Betriebsführung
?	?

In der Phase der Nachtragskalkulation ist der Bauablauf geändert / gestört. Kann dann noch eine „wirtschaftliche Betriebsführung" herangezogen werden ... wenn ggf. Chaos herrscht?

Der Konflikt kann vorzugsweise dadurch gelöst werden, dass aus der neuen Situation (die zum Nachtrag geführt hat) ein neues „Erfordernis" abgeleitet wird. Das insbesondere bei Bauzeitnachträgen.

Lohnkosten

Nach dem Kenntnisstand bei Redaktionsschluss erscheint es sinnvoll, im Falle der „**tatsächlich erforderlichen Kosten"** die Lohnkosten über Zeitaufwandstabellen und den für die jeweilige Arbeit zutreffenden Mittel(tarif-) lohn zu bestimmen. Der Weg über den Zeitaufwand erscheint auch deshalb vorteilhaft, da nun die **tatsächlichen Baustellenbedingungen** in die Kalkulation einfließen können. Das **„Erfordernis"** ergibt sich aus objektiven Kriterien wie z.B. Leistungsabfall durch ursprünglich nicht geplante Verschiebung in eine Jahreszeit, bei der durch die Witterungsbedingungen mit einer Minderleistung zu rechnen ist. So können die Stundenansätze mit unterschiedlichen Zuschlägen beaufschlagt werden.

Damit ergibt sich für die Kalkulation der tatsächlich erforderlichen Lohnkosten im Nachtrag:

(Durchschnittswert des Zeitaufwandes + Zeitzuschläge aus Behinderung u.ä.) x (Tarif-Mittellohn für die Arbeiten einschl. Lohnzulagen und Lohnerhöhung + lohngebundene Kosten + tarifliche und gesetzliche Lohnzusatzkosten + Lohnnebenkosten[15]).

Übertarifliche Zahlungen und freiwillige Leistungen des Unternehmens können **nicht** berücksichtigt werden

Da der Unternehmer für jeden Nachtrag (insgesamt) das Wahlrecht hat, entweder die tatsächlich erforderlichen Kosten mit angemessenen Zuschlägen für AGK, W+G oder die hinterlegte Urkalkulation heranzuziehen ergeben sich unterschiedliche Vorgehensweisen und Ergebnisse.

[15] Lohnzusatzkosten aus gesetzlichen Regelungen und tariflichen Vereinbarungen + Lohnzusatzkosten aus Beiträgen (Arbeitgeberanteil)

Für beide Vertragsparteien nicht interessengerecht wäre das Abstellen auf die „tatsächlichen Lohnkosten“ bei der Nachtragskalkulation.

Beispiele:

- Würde der AN überqualifizierte Mitarbeiter mit einem Mittellohn ansetzen, der für die jeweilige Arbeit gar nicht notwendig ist, würde der AG für die Leistung zu viel bezahlen.
- Brauchen die Mitarbeiter ungewöhnlich lange für eine Arbeit, zahlt der AG ebenfalls zu viel.

In der folgenden Tabelle wurden die Zuschläge aus Behinderung der Arbeiten direkt in die Kalkulation der Lohnkosten einbezogen. Wird dieses Vorgehen vom Auftraggeber bestritten, sind die behinderungsbedingten Mehrkosten in einem separaten Bauzeitnachtrag geltend zu machen.

Lohnkosten

„Tatsächlich erforderliche Kosten“	Rückgriff auf die Urkalkulation
(Durchschnittswert des Zeitaufwandes + Zeitzuschläge aus Behinderung u.ä.) **x** (Tarif-Mittellohn für die Arbeiten einschl. Lohnzulagen und Lohnerhöhung + lohngebundene Kosten + tarifliche und gesetzliche Lohnzusatzkosten + Lohnnebenkosten) Übertarifliche Zahlungen und freiwillige Leistungen des Unternehmens können nicht berücksichtigt werden	Kalkulationslohn des Angebotes + Lohnkosten aus Behinderung der Arbeiten. Der Kalkulationslohn des Angebotes kann auch übertarifliche Zahlungen und Lohnzusatzkosten aus freiwilligen Leistungen des Unternehmens enthalten.
Kalkulation	
1. Durchschnittliche **Kolonnenzusammensetzung nach Art der Arbeit** (im Stil wie bei Angebotskalkulation nach Vollkostenrechnung); nicht die tatsächliche Zusammensetzung der Kolonne	1. Kolonnenzusammensetzung entweder nach Angebotskalkulation **oder** wie auf der Baustelle eingesetzt. Es kann hier aufgrund der Störung des Bauablaufes notwendig sein, dass höher qualifizierte und bezahlte Mitarbeiter Hilfsarbeiten leisten. Dann sind die Stundensätze dieser Mitarbeiter heranzuziehen.
2. Zeitaufwandswerte aus Zeitwerttabellen übernehmen.	2. Zeitaufwandswerte aus der eigenen Kalkulation entnehmen bzw. ableiten.
3. Zuschläge für Jahreszeit, Kolonnengröße, Wiedereinarbeitung, geringere Produktivität bei Überstunden, Umsetzen der Mitarbeiter aus baubetrieblichen Tabellen übernehmen.	3. Den durch Baustellenmitschreibung ermittelten tatsächlichen Zeitaufwand verwenden **oder** den kalkulierten Zeitaufwand mit Zeit-Zuschlägen für Jahreszeit, Kolonnengröße, Wiedereinarbeitung, geringere Produktivität bei Überstunden, Umsetzen der Mitarbeiter beaufschlagen. Diese Werte baustellenunabhängig in der Urkalkulation als Beiblatt mit hinterlegen.
4. Koordinierung durch Vorarbeiter, Poliere als prozentualen Zuschlag zu den Stunden.	4. Möglichst in der Urkalkulation oder in einer baustellenunabhängigen Übersicht den produktiven Ansatz der Stunden reduzieren (z.B. 0,8) und einen zusätzlichen Verlust bei Störung des Bauablaufes einfügen. 5. Zusätzlich einen Stundenwert für Bauleiter in Urkalkulation bei Störung des Bauablaufes aufführen. (auch als Zuschlag auf AGK möglich)

Beispiele für Minderleistungskennzahlen in % von der Normalleistung (nach Einarbeitung) nach Lang

Arbeiten / Gewerk	komplette Einhausung bzw. Baukörper geschlossen		Schutz einzelner Bauteile		Arbeitsplatz im Freien	
	Frost	Eis	Frost	Eis	Frost	Eis
Baustelle einrichten	-	-	-	-	4	8
Be- und Entladen	2	4	2	4	4	8
Erdarbeiten (Hand)	-	-	3	7	8	15
Transportarbeiten	2	4	4	6	6	10
Betonarbeiten	2	4	5	8	10	16
Schalungsarbeiten	4	8	10	18	20	30
Bewehrungsarbeiten	6	10	12	24	20	35
Maurerarbeiten	5	8	8	12	16	22
Putzarbeiten / Trockenbau	6	10	-	-	-	-
Dachdeckerarbeiten	-	-	-	-	15	25
Fertigteilmontage	-	-	-	-	5	10

Detaillierte Behandlung im Teil 3: „Bauzeitnachträge".

Materialkosten

In der Rechtsprechung hat sich zu den Materialkosten eine Besonderheit herausgebildet, wenn die tatsächlich erforderlichen Kosten für das Material bestimmt werden sollen. Es werden häufig die konkreten Einkaufspreise herangezogen, die der Unternehmer im Streitfall (über die Rechnungslegung seiner Lieferanten) nachweisen muss. Es sind also die „tatsächlichen" Kosten anzusetzen. Gewährt der Lieferant Rabatte, die sich direkt auf die Baustelle beziehen, sind diese Rabatte an den Auftraggeber weiter zu geben. Skonti bleiben beim Unternehmer, da diese seiner wirtschaftlichen Tätigkeit zugerechnet werden können.

„Tatsächlich erforderliche Kosten"	Rückgriff auf die Urkalkulation
Tatsächliche Einkaufpreise des Unternehmens. Rabatte, die der Händler baustellenbezogen gegeben hat, sind an den AG weiterzugeben. Skonti bleiben beim Unternehmer.	Niveau des Vertrages ist beizubehalten; ausgenommen ist z.B. zusätzlicher Einkauf, der nicht mehr rabattiert wird und Preissteigerungen. Die Umrechnung der Materialkosten über Preisniveaustufen ist möglich.

Baustellengemeinkosten

Der Gesetzestext sieht keinen „angemessenen Zuschlag" für die Baustellengemeinkosten vor. Das ist nur logisch, da hier extreme Unterschiede zwischen den Gewerken bestehen. In der kommentierenden Literatur zum BGB wird dieser Kostenblock häufig vergessen. Hat der Unternehmer die Baustellengemeinkosten als prozentualen Zuschlag auf einzelne produktive Kosten (Lohn, Material, Nachunternehmer, Maschinen und Geräte) kalkuliert, sollte er nun im Nachtrag die Baustellengemeinkosten als separaten Kostenbestandteil in **absoluter Höhe** aufführen, da er diese Kosten als prozentualen Zuschlag nur schwer durchsetzen kann.

Sind die Baustellengemeinkosten als separate Position im Vertrags-LV enthalten, besteht dieses Problem nicht. Hier kann bei Rückgriff auf die Urkalkulation der zeitabhängige Kostenblock fortgeschrieben werden, wenn diese Werte angemessen und auskömmlich sind.
Alternativ besteht in der Nachtragskalkulation die Möglichkeit, im Nachtrag die tatsächlich erforderlichen Kosten der Baustelle geltend zu machen.
Werden die Baustellengemeinkosten neu als separate Position in die Nachtragsforderung eingebracht, können diese auch mit den allgemeinen Geschäftskosten, Wagnis und Gewinn beaufschlagt werden.
Zu den üblichen Baustellengemeinkosten können ggf. auch die für den Nachtrag konkreten zusätzlichen Koordinierungskosten (z.B. der Bauleitung) hinzugerechnet werden.

Tatsächlich erforderliche Kosten	Rückgriff auf die Urkalkulation
Als Absolutbetrag für den Änderungsumfang berechnen, da prozentuale Zuschläge nur für AGK, W+G im Gesetz vorgesehen sind.	Wie in der Urkalkulation ggf. differenziert • einmalige Kosten, • mengenabhängige Kosten, • zeitabhängige Kosten, • umsatzabhängige Kosten.

Gerätekosten als Bestandteil der Baustellengemeinkosten

Sind aufgrund der Anordnungen des Auftraggebers zusätzliche Maschinen oder Geräte notwendig, bieten sich folgende grundsätzlich unterschiedliche Kalkulationsvarianten an:

- Für eigene Maschinen und Geräte die Sätze aus der Baumaschinen- und Geräteliste (BGL) zu 100%.[16]
- Für geliehene Maschinen und Geräte die Rechnung des Verleihers (in Analogie zur Vorgehensweise beim Nachunternehmereinsatz), obwohl dies einen Rückgriff auf die „tatsächlichen Kosten“ (analog zu den Materialkosten) ist.
- Jeweils zuzüglich angemessene Zuschläge für Allgemeine Geschäftskosten, Wagnis und Gewinn.

Bei der Kostenermittlung mithilfe der Kennzahlen der BGL werden bei dieser Kalkulation nicht die Leistungsansätze der theoretischen Leistung angesetzt, sondern die Verrechnungssätze der Vorhaltezeit, unabhängig davon, ob die Maschine arbeitet oder nicht. Damit entfällt allerdings ein Schadensnachweis aus verminderter Auslastung, der häufig nicht durchsetzbar ist. Werden dennoch die theoretischen Leistungsansätze verwendet, sind diese durch die Einflüsse aus den konkreten Baustellenbedingungen und den für die Maschinenleistung üblichen Abminderungssätzen aus der Baubetriebslehre zu reduzieren.
Mitunter wird hier fälschlicherweise die Kalkulation auf die „tatsächlichen“ Kosten reduziert. Das bedeutet, dass dem Unternehmer für eine völlig abgeschriebene Maschine keine Abschreibungssätze zugebilligt werden. Dies ist deshalb falsch, da z.B.

- die (zeitbezogene) Abschreibung auch erfolgt, wenn die Maschine nicht im Einsatz ist und aufgrund geringer Gesamtauslastung noch in gutem Zustand ist,

[16] Diese sind nach dem Leitbild des Gesetzes auch bei vollständig abgeschriebenen Maschinen und Geräten ansetzbar.

- durch zusätzlichen Pflege- und Reparaturaufwand die Maschine in gutem Zustand ist und nun dieser frühere Aufwand bei den „tatsächlichen“ Kosten zu berücksichtigen wäre, was praktisch nicht möglich ist,
- Maschinen auch völlig verschlissen sein können, ohne dass sie bereits völlig abgeschrieben sind und die Umlage dieses Kostenblockes auf eine konkrete Baustelle unmöglich ist.

Der Sinn der Ermittlung tatsächlich erforderlicher Kosten besteht nach dem Willen des Gesetzgebers, als auch im Tenor mehrerer Urteile[17] darin, nicht auf die Kalkulation des Unternehmers zurückzugreifen, wenn die tatsächlich erforderlichen Kosten zu ermitteln sind. Andere Unternehmer würden die Abschreibungen auch nicht mit „0“ ansetzen.

Auch hier ergeben sich Unterschiede im Vorgehen und im Ergebnis, je nachdem ob die tatsächlich erforderlichen Kosten genutzt werden sollen, oder auf die Urkalkulation zurückgegriffen wird.

„Tatsächlich erforderliche Kosten“	Rückgriff auf die Urkalkulation
Für **Maschinen, Geräte, Gerüste 100 % der BGL-**Sätze (+ ggf. Zuschläge für Preissteigerungen bei Neuanschaffung.) ansetzen auch wenn die Geräte abgeschrieben sind und in der Angebotskalkulation abgemindert wurden. Zusätzlich Abminderungssätze der Leistung für die konkreten Baustellenbedingungen aus der Baubetriebslehre (Nutzleistung) einbringen.	Wie in der Urkalkulation ggf. differenziert in • einmalige Kosten • mengenabhängige Kosten • zeitabhängige Kosten • umsatzabhängige Kosten. Sind die BGL-Sätze in der Urkalkulation prozentual verändert worden, sind diese Ansätze fortzuschreiben.

„Angemessene Zuschläge“

„Nach dem Gesetzeswortlaut sind allerdings eindeutig **nicht die ursprünglich für den Vertrag kalkulierten Zuschläge maßgeblich, sondern die hiervon zu unterscheidenden „angemessenen Zuschläge"**. Das ist in der Begründung noch einmal hervorgehoben, wo betont wird, dass der Unternehmer die Angemessenheit der Zuschlagssätze nicht durch bloßen Verweis auf seine Kalkulation belegen kann.“[18]

Thesen zu „angemessenen“ Zuschlägen (auch als Argumentationshilfe im Streitfall):

- Es verbietet sich, Durchschnittswerte heranzuziehen, da ja jede Situation ein Einzelfall ist (so ja auch die Rechtsprechung).
- Wenn Durchschnittswerte hätten herangezogen werden sollen, hätte der Gesetzgeber sie auch als „widerlegbare Vermutung“ einführen können (wie z.B. BGB § 648 zum entgangenen Gewinn).
- Weicht der Unternehmer von durchschnittlichen Werten ab, muss er dies darlegen. Je schlüssiger er das tut, umso schwieriger wird es für den Auftraggeber, die dargelegten Größen zu bestreiten. Ein Sachverständiger hat im Falle der Vorlage

[17] KG, Urteil vom 10.07.2018 - 21 U 30/17, BGH, Urteil vom 08.08.2019 - VII ZR 34/18, KG, Urteil vom 27.08.2019 - 21 U 160/18

[18] aus Kniffka/von Rintelen, IBR-online-Kommentar Bauvertragsrecht, Stand 20.11.2017

detaillierter Werte nur diese zu prüfen. Er hat nicht das Recht „übliche" Werte in den Streit einzuführen.

- Die Höhe der Zuschläge ergibt sich aus externen Einflüssen (Marktsituation) und internen Faktoren.
- In der Literatur und Rechtsprechung gibt es unterschiedliche Auffassungen darüber, ob Wagnis und Gewinn ein Zuschlag sind, nämlich Gewinn mit Wagnisanteil oder zwei voneinander sachlich und der Höhe nach getrennte Preisbestandteile. Tendiert man zu einer Zusammenfassung beider Elemente, wären betriebsbezogene Wagnisse (die im Regelfall unabhängig vom Projekt sind) ohnehin berücksichtigt.
- Im Vergabewesen nach VOB/A ist inzwischen eine Differenzierung in Gewinn, sowie betriebsbezogenes Wagnis und leistungsbezogenes Wagnis eingeführt worden. Das erscheint auch für Verträge, in denen die Vergabe nicht nach VOB/A erfolgt sinnvoll, da das leistungsbezogene Wagnis im Nachtrag besser geltend gemacht werden kann und das betriebsbezogene Wagnis dem Unternehmer auch bei Mengenminderung oder Wegfall einer Leistung zusteht.

Allgemeine Geschäftskosten (AGK)

Für die Höhe der allgemeinen Geschäftskosten kann es keinen „allgemein üblichen Satz" geben.
Die Höhe der Allgemeinen Geschäftskosten ist u.a. abhängig von:

- der Unternehmensgröße (die AGK steigen auch prozentual mit der Unternehmensgröße),
- dem Gewerk,
- der Unternehmensstruktur (Leistung mit oder ohne NU),
- der üblichen Baustellengröße,
- der Art der Umlage (absolut oder relativ / auf das Projekt oder den Umsatz bezogen),
- der Art der Kalkulation (bei Anwendung der Deckungsbeitragsrechnung können die Zuschläge für AGK im Laufe eines Jahres zwischen 0 % und 100 % schwanken),
- der Differenzierung der Zuschläge auf einzelne Kostenbestandteile der produktiven Kosten,
- der Zuordnung einzelner Kostenbestandteile zu AGK oder BGK,

Damit entzieht sich die Feststellung der Höhe der „Mitteilung von Erfahrungssätzen" durch Sachverständige. Andererseits liegt es im Streitfall am Unternehmer, die allgemeinen Geschäftskosten plausibel zu erläutern. Der Unternehmer ist gut beraten die Art und Weise der Struktur seiner AGK und die Höhe der Einzelbestandteile im Streitfall vorzutragen. Dazu kann er, nach einer Darlegung der im Unternehmen üblichen Zuordnung, die entstehenden Kosten z.B. auf den Gesamtumsatz beziehen. Dieses Vorgehen entspräche dem Rückgriff auf die Urkalkulation.

Der Unternehmer wird aus Gründen der internen Zweckmäßigkeit z.B. folgende Kostenarten entweder den Allgemeinen Geschäftskosten **oder** den Baustellengemeinkosten zuordnen:

- Gehälter der Bauleiter,

- Fuhrparkkosten (Transporter),
- Kleingeräte, Werkzeuge, Treibstoffe, Hilfsstoffe,
- Kosten für Bürgschaften,
- Arbeitsbühnen und kleine Gerüste,
- Container, usw.

Bei der Angebotskalkulation für den Vertrag besteht die **„unternehmerische Freiheit“** u.a. in der Zuordnung einzelner Kosten zu den AGK oder BGK und der Art der Beaufschlagung.

1. Wenn der AN das LV erstellt hat, kann er die **Baustelleneinrichtung als separate Position oder als Zuschlag zu den EKT** kalkulieren. Weist das LV (unabhängig davon wer es erstellt hat) eine Position „Baustelleneinrichtung“ aus, ist damit noch nicht klar, ob alle BGK (z.B. Bauleitergehälter) erfasst sind und wie die Aufteilung in zeitabhängige und zeitunabhängige Kosten erfolgt ist. Deshalb ist der AN gut beraten, den zeitabhängigen Teil der BGK (z.B. in der Urkalkulation) besonders auszuweisen.

2. **Baustellen-Gemeinkosten** können
   - zeitunabhängig oder zeitabhängig sein,
   - mengenunabhängig oder mengenabhängig sein,
   - mit AGK „belastet“ werden oder nicht,
   - in einer separaten Position „BE“ oder durch Zuschlag auf die Einzelpositionen kalkuliert sein.

Deshalb gelten folgende Grundsätze:

1. **Bei Beibehaltung des Preisniveaus des Vertrages ist das Kalkulationsverfahren des Angebotes zu nutzen.**
2. **Bei Bestimmung der tatsächlichen Kosten kann sich auch der Prozentsatz der AGK ändern.**

Gestiegene **Koordinierungskosten** können entweder durch Zuschlag auf die AGK oder separat als Stunden für die Bauleitung geltend gemacht werden.

Zuschläge für Wagnisse

Zuschläge für **Wagnisse, die <u>nach</u> Vertragsabschluss entstanden sind,** können in der Nachtragskalkulation genauso zusätzlich berechnet werden, wie die anderen Kostenbestandteile. Hier sind die gleichen Gedanken und Werte nutzbar, wie sie im Kapitel zur Nachtragskalkulation im VOB/B-Vertrag bereits behandelt wurden.

Wagniszuschläge zu „tatsächlich erforderlichen Kosten“	Rückgriff auf die Urkalkulation
aus den Änderungen und Anordnungen • zum **Bauinhalt** (riskante oder wenig erprobte Materialien und Konstruktionen) ermittelt aus der möglichen Schadenshöhe und der Eintrittswahrscheinlichkeit. • zu den **Bauumständen** ermittelt nach den Grundsätzen zur Berechnung von Bauzeitnachträgen und Umrechnung in prozentuale Werte als Prognoserechnung. Aus Störungen, die der AG zu vertreten hat: • unregelmäßiger Zahlungsfluss • chaotische Bauleitung durch den AG (keine kontinuierliche Arbeit)	• Liste der Wagnisse, die erst im Nachtrag geltend gemacht werden • Ist der Wagniszuschlag schwer darstellbar, wäre hier die Kalkulation behinderungsbedingter Kosten oder der Weg über die Anmeldung von Bedenken (zu Bauinhalt als auch zu Bauumständen) und die Begründung eines Erstattungsanspruches / Entschädigung möglich.

Zuschlag für Gewinn

Bei der Nachtragskalkulation auf der Grundlage der tatsächlich erforderlichen Kosten wird von „angemessenen“ Zuschlägen u.a. für den Gewinn gesprochen. Zu Bestimmung der „Angemessenheit“ sind verschiedene Ansätze möglich.

- Einige Urteile (so z.B KG, Urteil vom **10.07.2018** - 21 U 30/17) gehen davon aus, dass es bei der Ermittlung dieses Zuschlagsfaktors im Streitfall nicht auf den vom Unternehmer kalkulierten Wert, sondern auf den Faktor ankommt, der in Anbetracht der tatsächlichen Kosten des Bauvorhabens und der Vergütungshöhe zutreffend ist. Auch wenn die Vergütung des Unternehmers zur Deckung seiner Kosten nicht auskömmlich ist, beläuft sich sein Mehrvergütungsanspruch stets zumindest auf seine änderungsbedingten Mehrkosten zuzüglich eines angemessenen Zuschlags zur Deckung seiner allgemeinen Geschäftskosten und seines Gewinns. Dieser angemessene Zuschlagsfaktor beträgt nach o.a. Urteil analog §§ 649 Satz 3 und 648a Abs. 5 Satz 3 BGB a.F. mindestens 100/95 = 20/19 = 1,0526. Bei diesem Modell werden der Gewinn und dass allgemeine Unternehmensrisiko zusammengefasst und eine Mindestgröße von **5,26 %** abgeleitet.
- Die betriebswirtschaftliche Betrachtungsweise kommt (vorausgesetzt eine gesunde Wirtschaftsentwicklung und Geldpolitik) zu einem anderen Ergebnis. Danach muss

der Gewinn deutlich über der Rendite einer langfristigen Festgeldanlage liegen, damit sich unternehmerische Tätigkeit lohnt.

Gewinn > Zins für Anlagen > Inflationsrate
8 + x % > 4 – 6 % > 2 - 3 %

Bei dieser Betrachtungsweise entsteht ein „angemessener" Zuschlag mit mindestens 8% auf die produktiven Kosten

Zusammenfassung zu den Zuschlägen

<table>
<tr><th>Zuschläge</th><th>„Tatsächlich erforderliche Kosten"</th><th>Rückgriff auf die Urkalkulation</th></tr>
<tr><td>AGK</td><td>Tatsächliche AGK aus (ggf. differenzierter) Umlage + Koordinierungskosten bei Störungen des Bauablaufes</td><td>Höhe bei umsatzabhängigen AGK wie in der Urkalkulation. Geht aus der Urkalkulation hervor, dass die AGK nicht umsatzbezogen, sondern auftragsbezogen kalkuliert wurden, besteht häufig kein Anspruch auf AGK aus Nachträgen.</td></tr>
<tr><td>Gewinn</td><td>Gewinn > Zins für Anlagen > Inflationsrate</td><td rowspan="2">Die in der Urkalkulation enthaltenen Werte sind zu übernehmen, wenn der Gewinn (oder Verlust) als prozentuale Größe angegeben ist. Ist in der Urkalkulation ein Abgebot (Nachlass) in absoluter Höhe ausgewiesen und ist dies als „nur für die Auftragssumme" gekennzeichnet, muss das Abgebot (der Nachlass) nicht für den Nachtrag übernommen werden. Bei nicht auskömmlichen Preisen kann ein Mindestzuschlag von 5,26 geltend gemacht werden.</td></tr>
<tr><td>allgemeines Unternehmerwagnis</td><td>Kann auch zusammen mit der Ermittlung angemessener Gewinne erfolgen. Dann muss zur Gewinnmarge die Bildung von Rücklagen hinzugerechnet werden. Der Zuschlag für allgemeines Unternehmerwagnis ergibt sich aus der Notwendigkeit der Bildung von Rücklagen (und deren Verbrauch) z.B. aus Zahlungsausfällen und Gewährleistungsverpflichtungen.</td></tr>
<tr><td>durch Anordnung zusätzlich entstehende leistungsbezogene Wagnisse</td><td>aus den Änderungen
• zum Bauinhalt (riskante oder wenig erprobte Materialien und Konstruktionen) ermittelt aus der möglichen Schadenshöhe und der Eintrittswahrscheinlichkeit.
• zu den Bauumständen ermittelt nach den Grundsätzen zur Berechnung von Bauzeitnachträgen und Umrechnung in prozentuale Werte als Prognoserechnung.
Aus unregelmäßigem Zahlungsfluss nach dem Prinzip der Belastung aus Sollzinsen.</td><td>Als Wagniszuschlag schwer darstellbar. Besser wäre hier die Kalkulation behinderungsbedingter Kosten oder der Weg über die Anmeldung von Bedenken (zu Bauinhalt als auch zu Bauumständen) und die Begründung eines Erstattungsanspruches / Entschädigung.

NEU: Wagniszuschläge im Allgemeinen Teil der Urkalkulation.</td></tr>
</table>

4 Urkalkulation – die Bedeutung und die praktischen Konsequenzen

Welche Bedeutung hat die Urkalkulation nach dem Ende der vorkalkulatorischen Preisfortschreibung?
1. Bemessungsgrundlage des Mehrvergütungsanspruchs aus § 2 Abs. 5 und 6 VOB/B sind die tatsächlichen Mehr- oder Minderkosten, die dem Unternehmer aufgrund der Leistungsänderung entstehen, sofern die Parteien nichts Abweichendes vereinbart haben.*)
2. Die Preiskalkulation des Unternehmers ist nur ein Hilfsmittel bei der Ermittlung dieser Kostendifferenz. Im Streitfall kommt es **nicht** auf die Kosten an, die der Unternehmer in seiner Kalkulation angesetzt hat, sondern auf diejenigen, die ihm bei Erfüllung des nicht geänderten Vertrags tatsächlich entstanden wären.*)
3. **Allerdings dient die Kalkulation dazu, die Kosten anzugeben, die dem Unternehmer durch die Vertragsdurchführung entstehen.** Daraus folgt: Soweit die Kalkulation, auf die sich ein Unternehmer in einem Rechtsstreit bezieht, unstreitig bleibt, ist die von ihm auf dieser Grundlage errechnete Mehrvergütung im Zweifel auf Grundlage seiner tatsächlichen Mehrkosten ermittelt und also maßgeblich nach § 2 Abs. 5 und 6 VOB/B.*)
KG, Urteil vom 27.08.2019 - 21 U 160/18, *) amtliche Leitsätze [19]

Ist das Abgeben einer Urkalkulation lästig, oder eine Chance im Streit Vorteile zu erzielen?

Was häufig nicht in das Angebot geschrieben werden darf

- Nachlässe in absoluter Höhe,
- spezielle Wagnisse umgerechnet auf das Gesamtwagnis.

Mögliche Informationen in der Urkalkulation:

Nr.	Information	Konsequenz
1.	Ein leeres Blatt.	Erklärungsirrtum ist „dünnes Eis“
2.	Wirre unbrauchbare Zahlen.	Totalverlust der Nachtragsvergütung möglich
3.	Die vom Auftraggeber formal geforderten Angaben ohne besondere Hinweise und Zusätze.	wenig Handlungsspielraum zur Änderung des Preisniveaus. Nur bei Anordnung durch AG gem. BGB § 650 b und 650 c Anpassung möglich.
4.	Der übliche Auszug aus der eigenen Kalkulationssoftware.	häufig bleibt es beim Preisniveau des Vertrages

5. Selbst gestaltete Übersicht zur Kalkulation (mit Vermerk „Betriebsgeheimnisse, Weitergabe an Dritte strafbar!“).

6. Hinweis in der Urkalkulation: „Der angegebene **niedrige EP** ergibt sich aus der großen Ausführungsmenge (Rabatte beim Materialeinkauf, Einarbeitungskurve, AGK und BGK sind angemessen berücksichtigt). Bei Mengenänderung gilt der Grundsatz „schlechter Preis bleibt schlechter Preis“ nicht. Der Nachlass wurde als

[19] Aus IBR

absolute Größe auf die Position gegeben, auf die Ausführungsmenge umgelegt und als Prozentsatz ausgewiesen.“

7. Der Wagniszuschlag wurde als Durchschnitt der leistungsbezogenen Wagnisse auf der Grundlage der Positionsmengen bzw. Summen der Leistungsbereiche gebildet. Größere Einzelwagnisse reduzieren sich dadurch. Bei Mengenerhöhung von Leistungen mit hohem Einzelwagnis steigt der Wagniszuschlag und der EP. Er kann im Extremfall 100% sein, wenn ein Totalausfall möglich ist. Er kann auch darüber liegen, wenn die Mangelbeseitigungskosten über dem Positionspreis liegen.

Zu 5:Selbst gestaltete Übersicht zur Kalkulation

Allgemeiner Teil (unabhängig vom Projekt)	• Kalkulationsverfahren • wesentliche Stammdaten mit Datumsbezug (zur Berücksichtigung von Lohn- und Materialpreissteigerungen) • Art der Umlage der AGK • Zuschläge für Kleinmengen • zusätzliche nicht kalkulierte Fahrtkosten • Zeitzuschläge für Verschiebung in ungünstige Jahreszeit • Zeitzuschläge für Produktivitätsabfall (Überstunden, Kolonnengröße, häufiges Umsetzen) • Zusätzliche Koordinierungskosten der Bauleitung bei gestörtem Bauablauf • **Wagniszuschläge nach Vertragsabschluss** bei Zahlungsverzug, chaotische Bauleitung des AG u.ä.

Spezielle Kosten im Projekt, die nicht in den Stammdaten bzw. im allgemeinen Teil enthalten sind	• % BGL-Satz • spezielle Zuschläge für Anfahrt, BE, Jahreszeit • Annahmen zum Bauinhalt • Annahmen zu Bauumständen (Jahreszeit, Platz für BE, Änderung der BE während der Bauzeit), • Erfahrung zum Zahlungsverzug des AG.

Vorgehen:

1. Nachtragskalkulation mit den Angaben aus der hinterlegten Urkalkulation
2. Im Streit über die Ausgangswerte oder das Kalkulationsverfahren Hinweis an AG, dass es sich um Betriebsgeheimnisse handelt und eine Weitergabe an Dritte nicht erfolgen darf.
3. Gemeinsames Öffnen des Umschlages und Vergleich der Werte im Umschlag mit den Werten der Nachtragskalkulation.

aus der Rechtsprechung (aus IBR)

§ 2 Nr. 5 VOB/B billigt dem Auftragnehmer eine Mehrkostenvergütung unter Aufrechterhaltung und Fortschreibung der ursprünglichen Preiskalkulation zu, um sicherzustellen, dass der Auftragnehmer über den Nachtrag weder einen nichtkalkulierten zusätzlichen Gewinn erzielt noch einen zusätzlichen Verlust erleidet. Infolge dessen bleiben auch Gewinne und Verluste des Auftragnehmers aus der Vergabe von Lieferanten- und Nachunternehmerverträgen grundsätzlich betragsmäßig erhalten.

OLG Dresden, Urteil vom 28.06.2012 - 16 U 831/11; BGH, Beschluss vom 21.03.2013 - VII ZR 211/12

Beispiel:
Der AN hatte zur Erhöhung der Konkurrenzfähigkeit seines Gesamtangebots beim Einsatz dieses Materials einen betragsmäßig begrenzten Verlust in Kauf genommen, der sich bei unveränderter Auftragsausführung in eben dieser Höhe realisiert hätte.

Beispiel zu 6.: niedriger EP (Wiederholung)

Mengenmehrungen	Grundlage des Vertrages	tatsächliche Ausführung aufgrund der Anordnung des AG + Abrechnung
Menge und Einheit in der Ausschreibung	100 m^2	140 m^2
Preis je Einheit in der hinterlegten Urkalkulation	100,- €/m^2	
Kalkulierter Verlust für die ausgeschriebene Menge als **absolute Größe** (Abgebot / Nachlass in konkreter Höhe für die ausgeschriebene Menge)	**2.000,- €**	
Der Nachlass in absoluter Höhe ergibt durch Umlage auf das Mengengerüst einen niedrigeren EP (z.B. Abgebot ohne Bedingungen)	100 m^2 x 100,- €/m^2 = 10.000,- € damit Reduzierung des EP von100,- €/m^2 um 10.000,- € - 2000,- € /100m^2 = 20,- €/m^2	
Einheitspreis, der sich durch Rückrechnung aus dem (positionsbezogenen) Abgebot ergibt	**80,- €/m^2**	
Einheitspreis für Mehrmengen über 100 % (Wegfall des Abgebotes für Mehrmengen)		100,- € / m^2
Abrechnung		bis 100 m^2 Menge: 80,- €/m2 über 100 m^2 Menge: 100,- €/m2 100 m^2 x 80,- €/m^2 = 8.000,- € + 40 m^2 x 100,- €/m^2 = 4.000,- €
Gesamtpreis		12.000,- €
zum gleichen Ergebnis kommt man, wenn das Abgebot absolut eingeführt würde		140 m^2 x 100,- € / m^2 = 14.000,- € Abgebot (absolut) - 2.000,- € 12.000,- €

Praxishinweis:
Die Urkalkulation kann auf Anforderung des Auftraggebers als auch auf Initiative des Auftragnehmers in einem verschlossenen Umschlag beim Auftraggeber hinterlegt werden.

Lösungsvorschlag

Urkalkulation beim AG hinterlegt **(Vorzugslösung)**	►	Anordnung des AG aufgrund fehlender Einigung über den Nachtrag	►	Rückgriff auf die Urkalkulation möglich (alternativ: tatsächlich erforderliche Kosten und angemessene Zuschläge für AGK, W + G)
	►	Streit über den Nachtrag **ohne** Anordnung durch AG	►	Fortschreibung bzw. Verwertung der Informationen aus der Urkalkulation
			►	ggf. tatsächlich erforderliche Kosten und angemessene Zuschläge für AGK, W + G
Urkalkulation beim AG **nicht** hinterlegt	►	„schlüssige“ Urkalkulation sollte vorgelegt werden.	►	wird diese nicht bestritten, Werte verwenden
	►	Wird Urkalkulation vom AN nicht vorgelegt	►	Verlust des Vergütungsanspruches möglich.

5 Abrechnung von Stundenlohnarbeiten

VOB/B § 15 Stundenlohnarbeiten

*(1) 1. Stundenlohnarbeiten werden nach den **vertraglichen Vereinbarungen** abgerechnet.*

2. Soweit für die Vergütung keine Vereinbarungen getroffen worden sind, gilt die ortsübliche Vergütung. Ist diese nicht zu ermitteln, so werden die Aufwendungen des Auftragnehmers für Lohn- und Gehaltskosten der Baustelle, Lohn- und Gehaltsnebenkosten der Baustelle, Stoffkosten der Baustelle, Kosten der Einrichtungen, Geräte, Maschinen und maschinellen Anlagen der Baustelle, Fracht-, Fuhr- und Ladekosten, Sozialkassenbeiträge und Sonderkosten, die bei wirtschaftlicher Betriebsführung entstehen, mit angemessenen Zuschlägen für Gemeinkosten und Gewinn (einschließlich allgemeinem Unternehmerwagnis) zuzüglich Umsatzsteuer vergütet.

(2) Verlangt der Auftraggeber, dass die Stundenlohnarbeiten durch einen Polier oder eine andere Aufsichtsperson beaufsichtigt werden, oder ist die Aufsicht nach den einschlägigen Unfallverhütungsvorschriften notwendig, so gilt Absatz 1 entsprechend.

*(3) Dem Auftraggeber ist die **Ausführung von Stundenlohnarbeiten vor Beginn anzuzeigen**. Über die geleisteten Arbeitsstunden und den dabei erforderlichen, besonders zu vergütenden Aufwand für den Verbrauch von Stoffen, für Vorhaltung von Einrichtungen, Geräten, Maschinen und maschinellen Anlagen, für Frachten, Fuhr- und Ladeleistungen sowie etwaige Sonderkosten sind, wenn nichts anderes vereinbart ist, je nach der Verkehrssitte werktäglich oder wöchentlich Listen (Stundenlohnzettel) einzureichen. Der Auftraggeber hat die von ihm bescheinigten Stundenlohnzettel unverzüglich, spätestens jedoch innerhalb von 6 Werktagen nach Zugang, zurückzugeben. Dabei kann er Einwendungen auf den Stundenlohnzetteln oder gesondert schriftlich erheben. Nicht fristgemäß zurückgegebene Stundenlohnzettel gelten als anerkannt.*

(4) *Stundenlohnrechnungen sind* ***alsbald nach Abschluss der Stundenlohnarbeiten, längstens jedoch in Abständen von 4 Wochen****, einzureichen. Für die Zahlung gilt § 16.* *(5) Wenn Stundenlohnarbeiten zwar vereinbart waren, über den Umfang der Stundenlohnleistungen aber mangels rechtzeitiger Vorlage der Stundenlohnzettel Zweifel bestehen, so kann der Auftraggeber verlangen, dass für die nachweisbar ausgeführten Leistungen eine Vergütung vereinbart wird, die nach Maßgabe von Absatz 1 Nummer 2 für einen wirtschaftlich vertretbaren Aufwand an Arbeitszeit und Verbrauch von Stoffen, für Vorhaltung von Einrichtungen, Geräten, Maschinen und maschinellen Anlagen, für Frachten, Fuhr- und Ladeleistungen sowie etwaige Sonderkosten ermittelt wird.*

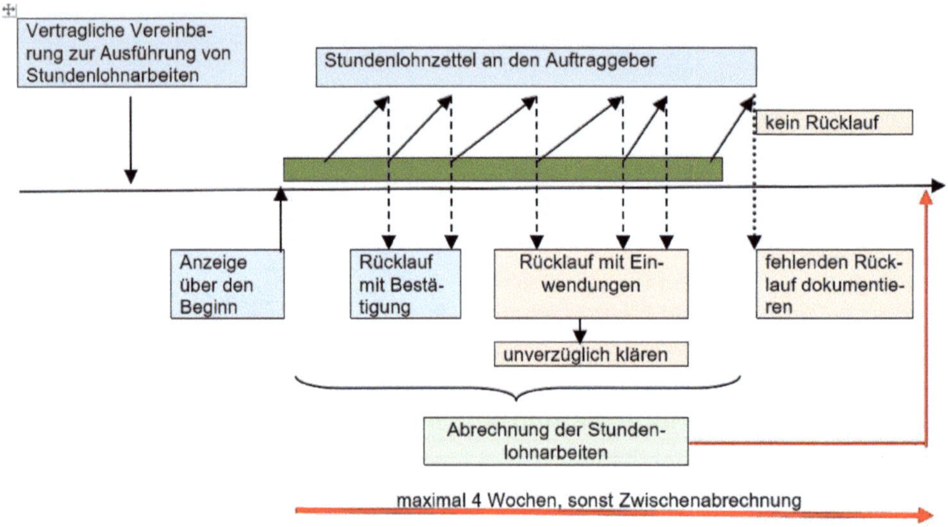

Praxistipp
Insbesondere bei Auftraggebern, die ihre Leistungen nach VOB/A vergeben müssen, ist äußerste Sorgfalt in der Dokumentation notwendig. Die prüfenden Rechnungshöfe können die Leistungen nicht mehr gegenständlich prüfen und müssen sich auf die Dokumentation verlassen. Bestehen Zweifel in der Klarheit und Richtigkeit genügen einfache Stundenlohnzettel als Arbeitsnachweise nicht. Diese haben zwar gem. BGB den Charakter einer Quittung, die wesentliche Vertragsgrundlage fehlt jedoch häufig und die Formvorschrift der „Anzeige des Beginns" ist nicht erfüllt. Da der Bearbeiter des Auftraggebers nicht mit „eigenem Geld" umgeht, entsteht mitunter der Verdacht der Vorteilsnahme.

aus der Rechtsprechung (aus IBR)

„Stundenlohnarbeiten sind auch ohne Stundenzettel zu bezahlen!
Der Auftragnehmer kann der werkvertraglichen Verpflichtung zur Vorlage von Rapporten bzw. Stundenzetteln auch noch mit der Erteilung der Schlussrechnung Genüge tun, soweit darin die erforderlichen Angaben enthalten sind bzw. nachgeholt werden. Die unterbliebene Vorlage von vertraglich vereinbarten Rapporten führt ebenso wenig wie die unterbliebene Vorlage von Stundenzetteln ohne Weiteres zum Verlust des Werklohnanspruchs. Jedoch muss der Auftragnehmer dann nachträglich alle notwendigen Angaben machen, die

in den Rapporten bzw. Stundenzetteln hätten enthalten sein müssen, um den Vergütungsanspruch zu rechtfertigen.
OLG Düsseldorf, Urteil vom 09.08.2013 - 22 U 161/12

Klauseln in Allgemeinen Geschäftsbedingungen des Auftraggebers, die eine Vergütungsfähigkeit bei fehlenden Stundenlohnzetteln bzw. nicht genehmigten Leistungsnachweisen generell ausschließen, benachteiligen den Auftragnehmer unangemessen und sind unwirksam.
OLG Düsseldorf, Urteil vom 11.04.2014 - **22 U 156/13**; BGH, Beschluss vom 14.12.2017 - VII ZR 109/14

---

1. Stundenlohnarbeiten werden als solche nur vergütet, wenn dies ausdrücklich (hier: und schriftlich) vereinbart worden ist.
2. Aus der Äußerung des Auftraggebers, dass "mit den Arbeiten begonnen werden soll", kann bei einem vertraglich vereinbarten Schriftformerfordernis für Zusatzleistungen nicht geschlossen werden, dass für die zusätzlichen Arbeiten auf die Schriftform verzichtet wird.
3. Auch ohne (wirksame) Stundenlohnvereinbarung kann sich grundsätzlich ein Vergütungsanspruch für die erbrachten (Regie-)Leistungen ergeben.
OLG München, Beschluss vom 06.05.2014 - 27 U 103/14; BGH, Beschluss vom 01.06.2016 - VII ZR 131/14

Wer muss was beweisen?
1. Der Auftragnehmer muss die Zahl der für die Leistungserbringung aufgewendeten Stunden darlegen und beweisen.
2. Der Auftraggeber muss darlegen und beweisen, dass die vom Unternehmer aufgewendete Stundenzahl einer wirtschaftlichen Betriebsführung nicht entspricht.
BGH, Urteil vom 28.05.2009 - VII ZR 74/06;
vorhergehend: OLG Frankfurt, 02.03.2006 - 18 U 144/04

Wie sind Stundenlohnarbeiten im BGB-Bauvertrag abzurechnen?
1. Zur schlüssigen Begründung eines nach Zeitaufwand zu bemessenden Vergütungsanspruchs bedarf es grundsätzlich nur der Darlegung, wie viele Stunden der Auftragnehmer für die Vertragsleistung aufgewendet hat.
2. Eine Differenzierung, welche Arbeitsstunden für welche Tätigkeiten und an welchen Tagen angefallen sind, ist regelmäßig nicht geschuldet. Es bedarf auch nicht der Vorlage von Stundennachweisen oder sonstigen Belegen zum Umfang der erbrachten Tätigkeiten.
3. Bestreitet der Auftraggeber, dass der Auftragnehmer die abgerechneten Arbeiten erbracht hat, ist hierüber Beweis zu erheben und zu klären, ob die Arbeitsstunden für den vertraglich geschuldeten Erfolg aufgewendet wurden.
BGH, Beschluss vom 05.01.2017 - VII ZR 184/14

Stundenlohnarbeiten müssen wirtschaftlicher Betriebsführung entsprechen!
1. Wird eine Vergütung nach Aufwand mit verabredeten Stundensätzen vereinbart, ergibt sich die Höhe der Vergütung aus dem Produkt des jeweiligen Stundensatzes und der Zahl der geleisteten Stunden. Zur Begründung seines Vergütungsanspruchs muss der Auftragnehmer somit nur darlegen, wie viele Stunden für die Erbringung der Vertragsleistungen mit welchen Stundensätzen angefallen sind.
2. Verletzt der Auftragnehmer bei der Erbringung von Stundenlohnarbeiten seine Verpflichtung zur wirtschaftlichen Betriebsführung, steht dem Auftraggeber ein Anspruch auf Herabsetzung der bereits gezahlten Stundenlohnvergütung zu.
OLG Schleswig, Urteil vom 15.11.2013 - 1 U 59/12; BGH, Beschluss vom 06.04.2016 - VII ZR 328/1“

6 Nachträge bei Pauschalverträgen (Teilkündigung, Zusatzleistungen, Mehr- und Mindermengen)

Auch wenn ein Pauschalpreisvertrag geschlossen wurde, beinhaltet dieser nur die vereinbarten Leistungen einschließlich der (verkehrsüblichen) Nebenleistungen (z.B. nach VOB/C). Jede zusätzliche Leistung bewegt sich also außerhalb des Vertrages und muss nach ordnungsgemäßer Ankündigung auch zusätzlich vergütet werden. Dieser Sachverhalt ist in der VOB/B eindeutig in dem wenig beachteten letzten Satz in VOB/B § 2 Abs. 7 Nr. 2 formuliert:

> ***VOB/B § 2 Vergütung***
> *7. (1) Ist als Vergütung der Leistung eine Pauschalsumme vereinbart, so bleibt die Vergütung unverändert. Weicht jedoch die ausgeführte Leistung von der vertraglich vorgesehenen Leistung so erheblich ab, dass ein Festhalten an der Pauschalsumme nicht zumutbar ist (**§ 313 BGB**), so ist auf Verlangen ein Ausgleich unter Berücksichtigung der Mehr- oder Minderkosten zu gewähren. Für die Bemessung des Ausgleichs ist von den Grundlagen der Preisermittlung auszugehen.*
> ***(2) Die Regelungen der Abs. 4, 5 und 6 gelten auch bei Vereinbarung einer Pauschalsumme.***

Mit dem Satz „Die Regelungen der Abs. 4, 5 und 6 gelten auch bei Vereinbarung einer Pauschalsumme“ ist nichts anderes ausgedrückt, als dass die Regelungen für

- durch den Auftraggeber selbst übernommene Leistungen (Abs. 4),
- Änderungen der Grundlagen des Preises und Bilden eines neuen Preises (Abs. 5),
- Forderung von Leistungen die nicht vorgesehen waren (Abs. 6)

auch für Pauschalpreisverträge anzuwenden sind!

Lagen für die Bildung des Pauschalpreises ursprünglich Einheitspreise vor, ist die „Geschichte“ des Vertrages von ausschlaggebender Bedeutung für die Berechnung bei einer Teilkündigung. Da es häufig üblich ist, beim Vertragsabschluss eine „runde Summe“ durch Abrundung der Angebotssumme zu bilden, müssen ggf. die Einheitspreise an den Faktor der „Pauschalierung“ angepasst werden.

Beispiel für eine „Herunterpauschalierung“ eines EP-Gerüstes

Pos.	Menge/ME	Text	EP	GP
1.1.	###	###	20,20	2.020,00
	###	###	14,36	287,20
		###	###	456,80
				###
			Summe	~~51.486,20~~

pauschal: 50.000,-

Vertraglich vereinbarte Vergütung = 50.000,00 / Angebotssumme = 51.486,20

Faktor der Reduzierung des EP = 0,9711 = 97,11%

Pos.	Menge/ME	Text	EP	GP
1.1.	###	###	20,20	2.020,00
			neuer EP = 19,62	
	###	###	14,36	287,20
		###	###	456,80
				###
			Summe	51.486,20

$$\frac{50.000{,}00}{51.486{,}20} = 0{,}9711$$

Neuer EP gebildet aus altem EP x Faktor der Reduzierung

6.1 Abrechnung von Pauschalverträgen bei Teilkündigung

Bei einem Pauschalvertrag fehlt es häufig an einem Einheitspreisgerüst, dass für die Bestimmung der Vergütung herangezogen werden kann. In derartigen Fällen ist die erbrachte Leistung gegenüber der nicht erbrachten Leistung abzugrenzen und ein Prozentsatz der beiden Leistungsteile zu bestimmen. Die Literatur und Praxis kennen hierfür die unterschiedlichsten Möglichkeiten, von denen nur zwei vorgestellt werden sollen.

1. Abgrenzung der erbrachten Leistung von der nicht erbrachten Leistung	>	entweder durch Nutzung eines Mengengerüstes oder prozentuale Bestimmung
2. Bildung eines Preises für die erbrachte Leistung auf der Grundlage des Vertragspreises	>	bezogen auf den Anteil der erbrachten Leistung
3. Bestimmung des Vergütungsanspruches abzüglich ersparter Aufwendungen für die nicht erbrachte Leistung	>	prozentuale Bildung des Leistungsanteiles und prozentuale Bestimmung der ersparten Aufwendungen möglich.

Bestimmung der Preis- und Wertrelationen
1. mit Hilfe von Vergleichsobjekten (Gewerkeschlüssel und Bauteilpreise)
2. nachgeholte Kostenermittlung und Bestimmung des Niveaufaktors für den konkreten Vertrag

1. mit Hilfe von Vergleichsobjekten (Gewerkeschlüssel und Bauteilpreise)

Vertragspreis „schlüsselfertig“	Maurerarbeiten im Vergleichsobjekt	Wegfall von 50 % der Maurerarbeiten	erbrachter Teil	nicht erbrachter Teil
500 T €	12 %	6 %	6 % = **30 T€**	30 T € ersparte Aufwendungen 70 % = 21 T€ **zu vergüten: 9 T €**
			Abrechnungssumme: 30 + 9 = 39 T€	

2. nachgeholte Kostenermittlung und Bestimmung des Niveaufaktors für den konkreten Vertrag

Vertragspreis „schlüsselfertig“	Ergebnis der nachgeholten Kostenermittlung	pauschalpreisbezogener Niveaufaktor	Ergebnis der Kostenermittlung für Maurerarbeiten	Bezugsbasis für Abrechnung	erbrachter Teil	nicht erbrachter Teil
500 T €	510 T €	500:510 = 98 %	66 T €	66 T€ x 98% = 64.680 €	50 % der Maurerarbeiten **= 32.340,- €**	32.340,- € ersparte Aufwendungen 70 % = 22.638,- € zu vergüten: **9.702,- €**
					Abrechnungssumme: 32.340,- € + 9.702 € = 42.042 €	

aus der Rechtsprechung (aus IBR)
1. Eine Schlüsselfertigkeitsabrede ist nicht geeignet, bei Vorliegen einer detaillierten Leistungsbeschreibung den Abgeltungsumfang der vereinbarten Pauschalsumme zu erweitern. Insoweit gehen die Detailregelungen einer globalen Regelung vor.
2. Eine Vereinbarung, wonach der Pauschalpreis auch den über die detaillierte Leistungsbeschreibung hinausgehenden Leistungsumfang abgelten soll, ist möglich. Wegen ihrer Ungewöhnlichkeit sind an solche Vereinbarungen allerdings strenge Anforderungen zu stellen.
3. Bei Ausschreibung einer schlüsselfertigen Leistung ist der Auftragnehmer im Angebotsstadium nicht gehalten, auf Planungsfehler oder Fehler im Leistungsverzeichnis hinzuweisen, weil ein Bieter die Prüfung der Ausschreibungsunterlagen nur unter kalkulatorischen Aspekten vornimmt. Die Prüfungs- und Hinweispflicht gemäß § 4 Nr. 3 VOB/B gilt erst nach Vertragsschluss.
4. Bei offenkundigen Mängeln und Lücken der Leistungsbeschreibung gibt es allerdings keine über den Pauschalpreis hinausgehende Vergütungspflicht für zusätzlich erbrachte Leistungen, soweit diese Leistungen offensichtlich und für den Bieter im Rahmen der Kalkulation erkennbar erforderlich zur Erstellung des Bauwerks waren.
OLG Koblenz, Urteil vom 31.03.2010 - 1 U 415/08

Im BGB wird nicht zwischen einem Einheitspreisvertrag und einem Pauschalvertrag unterschieden. Die Begriffe gibt es dort nicht. Deshalb ist es dort (als auch bei Vereinbarung der VOB/B als AGB) wichtig,

- die Leistungsgrenze klar zu beschreiben,
- zu fixieren, was Grundlage der Pauschalierung war (Kenntnisstand des Bieters),
- die „Geschichte“ der Pauschalierung (wie die Pauschale entstanden ist) zu dokumentieren.

Abrechnung gekündigter Pauschalverträge (freie Kündigung)

	wie ist die „Pauschale" entstanden?	Wie viel ist bis zur Kündigung ausgeführt worden?	was wird abgerechnet	Ergebnis des Beispiels
1.	Es gab nur ein LV mit Mengenangaben, die nicht geprüft werden konnten. Pläne lagen nicht vor. Eine Besichtigung war nicht möglich.	130 m² Putz	wenn die „Pauschale" durch „Abrundung" des Ergebnisses aus den EP und GP gebildet wurde, sind die EP sinngemäß prozentual zu reduzieren.	
	z.B. im LV 150 m² Putz		130 m² Putz + 20 m² Putz abzüglich ersparter Aufwendungen für diesen Teil (z.B. 80 %)	130 m² x 20,- €/ m² = 2.600 € 20 m² x 4,- €/ m² = 80 € 2.680 €
	Es wurde die Auftragssumme prozentual „herunterpauschaliert". Dadurch reduzierte sich der EP von 22,- €/ m² auf 20,- €/ m²	Es ist eigentlich keine Pauschale, sondern ein Nachlass, der zu einer anteiligen Reduzierung der EP geführt hat.	reduzierter EP von 20,- €/ m² ist für ausgeführte Menge als auch für nicht ausgeführte Menge die Abrechnungs-Basis[16]	
2.	Es gab ein LV mit Mengenangaben, die geprüft werden konnten. Pläne lagen vor. Eine Besichtigung war möglich.	130 m² Putz	Bezugsbasis für die Vergütungsberechnung sind die Mengen, die aus den Unterlagen erkennbar waren.	
	z.B. im LV 150 m² Putz aus den Plänen erkennbar 180 m²		130 m² Putz + 50 / 20 (?) m² Putz abzüglich ersparter Aufwendungen[17] für diesen Teil mit einem EP von 16,60 €/ m²[18]	130 m² x 16,60,- €/ m² = 2.158 € 50 m² x 3,32 €/ m² = 166 € **2.324 €**
	Es wurde die Auftragssumme mit Bezug auf die LV-Menge von150 m² gebildet und prozentual „herunterpauschaliert". Dadurch reduzierte sich der EP von 22,- €/ m² auf 20,- €/ m². Dieser EP bezieht sich aber auf 150 m².	Wenn mit der Pauschalierung das Mengengerüst des LV aufgehoben wurde, ist die Bezugsgröße aus den Plänen abzuleiten. Damit wäre diese 180 m².	Der EP bezog sich auf 150 m² Putz. Es muss ein EP gebildet werden, der die Gesamtleistung berücksichtigt. Damit reduziert sich der „herunterpauschalierte" EP weiter durch Berücksichtigung der Bezugsgröße von 180 m² 150 m² : 180 m² = 0,83 0,83 x 20,- €/ m² = 16,60 €/ m²	► Achtung: im Streit wird mitunter die Bezugsbasis gewechselt. Wenn der EP auf der Basis von 180 m² gebildet wurde, sollte auch die Abrechnung auf dieser Basis erfolgen. Variante mit Basis 150 m² ist wie Fall 1 mit **2.680 €.**
3.	Es gab ein LV ohne Mengenangaben. Es lagen Pläne vor, aus denen die Leistung erkennbar war.	130 m² Putz	Bezugsbasis für die Vergütungsberechnung sind die Mengen, die aus den Unterlagen erkennbar waren.	
	z.B. aus den Plänen erkennbar: 180 m² Putz		130 m² Putz + 50 m² Putz abzüglich ersparter Aufwendungen. EP von 18,- €/ m² ist für ausgeführte Menge als auch für nicht ausgeführte Menge die Basis[19]	130 m² x 18,- €/ m² = 2.340 € 50 m² x 3,60 €/ m² = 180 € 2.520 €
	Zunächst gibt es keinen EP. Durch Aufteilung ergibt sich im Nachhinein ein EP von 18,- €/ m²	Mögliche Abrechnungsvariante: Wert-Preisrelation bilden		

[16] für nicht ausgeführte Menge sind die ersparten Aufwendungen abzuziehen
[17] Bezugsgröße ist hier strittig: 150 oder 180 m²
[18] bei Bezugsbasis 180 m²
[19] für nicht ausgeführte Menge sind die ersparten Aufwendungen abzuziehen

6.2 Zusatzleistungen und Mengenänderungen beim Pauschalvertrag

Die Rechtsprechung hat festgestellt, dass bei der **Pauschalierung eines Einheitspreisangebotes**, die darin enthaltene Leistung geschuldet ist.

„1. Vereinbaren die Bauvertragsparteien, dass die auf der Grundlage einer detaillierten Leistungsbeschreibung angebotene Leistung abzüglich eines Nachlasses zu einem Pauschalpreis erbracht wird, bezieht sich der Pauschalpreis auf den im Einzelnen festgelegten Leistungsumfang.
2. Später geforderte oder notwendige Zusatzarbeiten sind in diesem Fall nicht mit dem Pauschalpreis abgegolten.
3. Fallen vom Leistungsverzeichnis oder anderen Vertragsunterlagen zunächst erfasste Leistungen später weg, reduziert sich der Umfang der Leistungen des Auftragnehmers.“. OLG Bamberg, Urteil vom 01.06.2011 - 8 U 127/10; BGH, Beschluss vom 16.05.2013 - VII ZR 152/11[20]

„Für die Ausführung von Leistungen, die in einem detaillierten Leistungsverzeichnis nicht enthalten sind, steht dem Auftragnehmer unter den in § 2 Abs. 5, 6 und Abs. 8 VOB/B genannten Voraussetzungen ein Anspruch auf zusätzliche Vergütung zu. Das gilt auch dann, wenn die Parteien einen Pauschalpreisvertrag geschlossen haben. OLG Karlsruhe, Urteil vom 16.04.2010 - 4 U 146/08; BGH, Beschluss vom 06.09.2012 - VII ZR 83/10“ [21]

Hinweise:

- Gibt es kein detailliertes Leistungsverzeichnis (sondern z.B. nur Pläne), muss bei Leistungsänderung zunächst das Preisniveau des Vertrages bestimmt werden. Ist das zutreffende Preisniveau bestimmt, kann auf eine recht umfangreiche Literatur zur Kosten- und Preisbestimmung[22] zurückgegriffen werden. Allen Beteiligten sollte aber klar sein, dass auch ein scheinbar exaktes Ergebnis auf einer Reihe grober Annahmen (beginnend bei der Feststellung der Produktivität über die Verrechnungssätze von Baumaschinen bis hin zu den Zuschlägen für Wagnisse) beruht.
- Die Bestimmung des Preisniveaus setzt hier eine Vereinbarung der Vertragsparteien voraus, dass in dieser Form abgerechnet wird. Dieser Weg ist oft einfacher als die Bestimmung der fiktiven theoretischen Kosten, die dem Unternehmer beim nicht geänderten Vertrag entstanden wären. Wenn man diese bestimmen kann, können als Kalkulationsvariante auch die Mehr- und Minderkosten aufgrund der Leistungsänderung bestimmt und mit angemessenen Zuschlägen für Allgemeine Geschäftskosten, Wagnis und Gewinn beaufschlagt werden.
- Auf der Folgeseite sind drei Fallbeispiele für die Bestimmung der Vergütung dargestellt. Hier werden zusätzlich die Konsequenzen aus einer „Herunterpauschalierung“ oder einem „Abgebot“ (Nachlass) in konkreter Höhe deutlich. Verzichtet man also auf eine unklare Pauschalierung (ist der Preis oder die Menge pauschaliert?) sondern vereinbart einen Nachlass für die ausgeschriebene Leistung, kann bei Mengenmehrungen der ursprünglich höhere Einheitspreis für die Mehrmenge angesetzt werden (Beispiele 1. und 2. in der folgenden Übersicht).

---

[20] Aus IBR
[21] Aus IBR
[22] so z.B. in
- Breuninger, Bernhard: Prozesskostenmanagement in Bauunternehmen; Wiesbaden.
- Drees, Gerhard; Paul, Wolfgang, Kalkulation von Baupreisen, Berlin, Bauwerk-Verlag 2000.
- Kapellmann, K. D.; Schiffers K.-H.; Vergütung, Nachträge und Behinderungsfolgen beim Bauvertrag (Bd. 1 + 2), Düsseldorf

Abrechnung gekündigter Pauschalverträge (freie Kündigung)

	wie ist die „Pauschale" entstanden?	Wie viel ist bis zur Kündigung ausgeführt worden?	was wird abgerechnet	Ergebnis des Beispiels
1.	Es gab nur ein LV mit Mengenangaben, die nicht geprüft werden konnten. Pläne lagen nicht vor. Eine Besichtigung war nicht möglich.	130 m² Putz	wenn die „Pauschale" durch „Abrundung" des Ergebnisses aus den EP und GP gebildet wurde, sind die EP singgemäß prozentual zu reduzieren.	
	z.B. im LV 150 m² Putz		130 m² Putz + 20 m² Putz abzüglich ersparter Aufwendungen für diesen Teil (z.B. 80 %)	130 m² x 20,- €/ m² = 2.600 € 20 m² x 4,- €/ m² = 80 € 2.680 €
	Es wurde die Auftragssumme **prozentual** „herunterpauschaliert". Dadurch reduzierte sich der EP von 22,- €/ m² auf 20,- €/ m²	Es ist eigentlich keine Pauschale, sondern ein Nachlass, der zu einer anteiligen Reduzierung der EP geführt hat.	reduzierter EP von 20,- €/ m² ist für ausgeführte Menge als auch für nicht ausgeführte Menge die Abrechnungs-Basis[16]	
2.	Es gab ein LV mit Mengenangaben, die geprüft werden konnten. Pläne lagen vor. Eine Besichtigung war möglich.	130 m² Putz	Bezugsbasis für die Vergütungsberechnung sind die Mengen, die aus den Unterlagen erkennbar waren.	
	z.B. im LV 150 m² Putz aus den Plänen erkennbar 180 m²		130 m² Putz + **50 / 20 (?)** m² Putz abzüglich ersparter Aufwendungen [17] für diesen Teil mit einem EP von 16,60 €/ m² [18]	130 m² x 16,60,- €/ m² = 2.158 € 50 m² x 3,32 €/ m² = 166 € **2.324 €**
	Es wurde die Auftragssumme mit Bezug auf die LV-Menge von150 m² gebildet und **prozentual** „herunterpauschaliert". Dadurch reduzierte sich der EP von 22,- €/ m² auf 20,- €/ m². Dieser EP bezieht sich aber auf 150 m².	Wenn mit der Pauschalierung das Mengengerüst des LV aufgehoben wurde, ist die Bezugsgröße aus den Plänen abzuleiten. Damit wäre diese 180 m².	Der EP bezog sich auf 150 m² Putz. Es muss ein EP gebildet werden, der die Gesamtleistung berücksichtigt. Damit reduziert sich der „herunterpauschalierte" EP weiter durch Berücksichtigung der Bezugsgröße von 180 m² 150 m² : 180 m² = 0,83 0,83 x 20,- €/ m² = 16,60 €/ m²	► Achtung: im Streit wird mitunter die Bezugsbasis gewechselt. Wenn der EP auf der Basis von 180 m² gebildet wurde, sollte auch die Abrechnung auf dieser Basis erfolgen. **Variante** mit Basis 150 m² ist wie Fall 1 mit 2.680 €.
3.	Es gab ein LV ohne Mengenangaben. Es lagen Pläne vor, aus denen die Leistung erkennbar war.	130 m² Putz	Bezugsbasis für die Vergütungsberechnung sind die Mengen, die aus den Unterlagen erkennbar waren.	
	z.B. aus den Plänen erkennbar: 180 m² Putz		130 m² Putz + 50 m² Putz abzüglich ersparter Aufwendungen. EP von 18,- €/ m² ist für ausgeführte Menge als auch für nicht ausgeführte Menge die Basis[19]	130 m² x 18,- €/ m² = 2.340 € 50 m² x 3,60 €/ m² = 180 € 2.520 €
	Zunächst gibt es keinen EP. Durch Aufteilung ergibt sich im Nachhinein ein EP von 18,- €/ m²	Mögliche Abrechnungsvariante: Wert-Preisrelation bilden		

[16] für nicht ausgeführte Menge sind die ersparten Aufwendungen abzuziehen
[17] Bezugsgröße ist hier strittig: 150 oder 180 m²
[18] bei Bezugsbasis 180 m²
[19] für nicht ausgeführte Menge sind die ersparten Aufwendungen abzuziehen

6.3 Sind 20 % Mehrleistung in der Pauschale abgegolten?

Während bei Einheitspreisverträgen die Grenzen für die Änderung der Einheitspreise mit 10 % Mehr- und Mindermengen (ohne Einwirkung des AG) klar gezogen sind, ist dies in der VOB/B für Pauschalpreisvereinbarungen nicht so klar. Keine einheitliche Rechtsprechung gibt es außerdem zu der unbestimmten Regel zur Mengenänderung im Pauschalpreisvertrag (VOB/B § 2 Abs. 7 Nr. 1, 2. Satz):
„Weicht jedoch die ausgeführte Leistung von der vertraglich vorgesehenen Leistung so erheblich ab, dass ein Festhalten an der Pauschalsumme nicht zumutbar ist (§ 242 BGB), so ist auf Verlangen ein Ausgleich unter Berücksichtigung der Mehr- oder Minderkosten zu gewähren."

„...Umso wichtiger wird es, die Grenze für die „Zumutbarkeit" zu bestimmen, bei deren Überschreiten ein neuer Preis gebildet werden kann. Hier gehen die Urteile und Auffassungen weit auseinander. Das beginnt bei einem heftig kritisierten Urteil des Oberlandesgerichts München, indem eine Abweichung von mehr als 20 % von der Gesamtsumme nicht mehr zumutbar sei und reicht über viele verschiedene Auslegungen bis hin zur Schadenersatzforderung des Bauunternehmers für unklare oder unzutreffende Ausschreibungen." Aus Knifka, IBR – online Kommentar

Wie wurden die Hauptpositionen (Schlüsselpositionen) kalkuliert? (80 % des Geldes)		**Kalkulation der übrigen Positionen (20 % des Geldes)**		**Welche Grenze ergibt sich nach BGB § 313 und VOB/B § 2 Abs. 7**
1. Vollkosten + Gewinn (A)	►	frivol kalkuliert	►	ca. 20 %
2. Vollkosten (B)	►	Maximaler Kalkulationsfehler (insgesamt) bis Summe AGK und Abschreibung möglich	►	AGK incl. Abschreibung
3. Vollkosten ohne Abschreibung (C)	►	Maximaler Kalkulationsfehler (insgesamt) bis ca. 50 % Summe AGK möglich	►	ca. 50 % der AGK
4. Produktive Kosten ohne Deckungsbeitrag (D)	►	Produktive Kosten müssen mindestens gedeckt sein	►	**0 %**

Diese, aus der Baubetriebslehre abgeleitete Betrachtungsweise bezieht sich auf Mehrleistungen ohne Anordnung des Auftraggebers „aus dem Vertrag heraus“. Gibt es Änderungen und zusätzliche Anforderungen durch den Auftraggeber, gelten „Zumutbarkeitsgrenzen“ nicht. In solchen Fällen ist jede geforderte Leistung zu vergüten, unabhängig davon, wie hoch der Betrag ist. In diesem Sinne ist das Urteil des OLG Schleswig, vom 17.08.2017 - 7 U 13/16 **falsch.**

1. Vereinbaren die Bauvertragsparteien, dass die auf der Grundlage einer detaillierten Leistungsbeschreibung angebotene Leistung abzüglich eines Nachlasses zu einem Pauschalpreis erbracht wird, bezieht sich der Pauschalpreis auf den im Einzelnen festgelegten Leistungsumfang.
2. Später geforderte oder notwendige Zusatzarbeiten sind in diesem Fall nicht mit dem Pauschalpreis abgegolten.
3. Fallen vom Leistungsverzeichnis oder anderen Vertragsunterlagen zunächst erfasste Leistungen später weg, reduziert sich der Umfang der Leistungen des Auftragnehmers.
OLG Bamberg, Urteil vom 01.06.2011 - 8 U 127/10; BGH, Beschluss vom 16.05.2013 - VII ZR 152/11[23]

---

1. Inwieweit eine detaillierte Angabe im Leistungsverzeichnis einer funktionalen Ausschreibung (hier: Abbruch einer Klinik) dazu führt, dass sie die Pauschalierung der Vergütung begrenzt, ergibt die Auslegung des Vertrags. Die Auslegung kann auch ergeben, dass die detaillierte Angabe lediglich die Geschäftsgrundlage des Vertrags beschreibt.*)
2. Beschreibt der Auftraggeber in einem Pauschalvertrag Mengen oder die Mengen beeinflussende Faktoren (hier: Estrichstärke in einer Zulageposition), können diese zur Geschäftsgrundlage des Vertrags erhoben worden sein. Das kann insbesondere dann angenommen werden, wenn der Auftragnehmer davon ausgehen durfte, der Auftraggeber habe eine gewisse Gewähr für eine verlässliche Kalkulationsgrundlage geben wollen.*)
3. In diesem Fall kommt ein Ausgleichsanspruch nach § 2 Nr. 7 Abs. 1 VOB/B in Betracht, wenn sich eine deutliche Mengensteigerung ergibt. Wirken sich die von den irreführenden Angaben des Auftraggebers im Vertrag abweichenden Mengen derart auf die Vergütung aus, **dass das finanzielle Gesamtergebnis des Vertrags nicht nur den zu erwartenden Gewinn des Auftragnehmers aufzehrt, sondern auch zu Verlusten führt, ist das Festhalten an der Preisvereinbarung häufig nicht mehr zumutbar. Auf eine starre Risikogrenze von 20% der Gesamtvergütung kann nicht abgestellt werden**.*)
BGH, Urteil vom 30.06.2011 - VII ZR 13/10[24]

[23] Aus IBR
[24] Aus IBR

Literatur (Auswahl)

(Entgegen üblichen Zitiervorschriften enthält das folgende Literaturverzeichnis keine Jahresangaben bzw. Auflagennummern. Für das Selbststudium und die Anwendung in der Praxis ist möglichst immer die letzte Auflage, bzw. die Auflage, die sich auf den Vertragsabschluss bezieht, zu nutzen. Deshalb sind hier häufig keine Jahreszahlen angegeben.)

4

Gesetzesmaterialien und Regelwerke zum deutschen Vergaberecht

- Verdingungsordnung für Leistungen (VOL)
- Verdingungsordnung für freiberufliche Leistungen (VOF)
- Vergabe- und Vertragsordnung für Bauleistungen (VOB)
- Vergabehandbuch des Bundes

Quellen und weiterführende Literatur

1. Bauer,H.: Baubetrieb , Berlin + Heidelberg: Springer Verlag
2. Breuninger, Bernhard: Prozesskostenmanagement in Bauunternehmen; Wiesbaden;
3. Bürgerliches Gesetzbuch (BGB)
4. Drees, Gerhard; Paul, Wolfgang, Kalkulation von Baupreisen, Berlin, Bauwerk-Verlag
5. Drittler, Matthias: Nachträge und Nachtragsprüfung. Werner Verlag 2013
6. Frikell, E.; Hofmann, O.; Die VOB in Formularen, Stamsried
7. VOB/B – Beck´scher VOB-Kommentar; Hrsg. Ganten u.a. München
8. Genschow, Claus; Stelter, Oliver: Störungen im Bauablauf, Köln
9. Glatzel, L.; Hofmann,O.; Frikell E. Unwirksame Bauvertragsklauseln nach dem AGB-Gesetz, Stamsried (ab 10. Auflage nutzen)
10. Gralla, Mike: Baubetriebslehre – Bauprozessmanagement, Köln 2011
11. Greiner, Peter u.a.: Baubetriebslehre – Projektmanagement; Braunschweig
12. Heiermann, W.; Riedl, R.; Rusam, M.; Handkommentar zur VOB, Wiesbaden und Berlin
13. Hofmann, O.; Koppmann, W.; Die neue Bauhandwerkersicherung, Stamsried
14. IBR, Immobilien- & Baurecht, Zeitschrift, Mannheim, id-Verlags GmbH (als Quelle für die zitierten Urteile)
15. Kapellmann, K. D.; Schiffers K.-H. Vergütung, Nachträge und Behinderungsfolgen beim Bauvertrag (Bd. 1 + 2), Düsseldorf
16. Kniffka (Hrsg.), IBR-online.Kommentar Bauvertragsrecht
17. Koß, Erich, Herkömmlich bauen - Rationell bauen, Frankfurt 1994
18. Lang, Andreas; Ein Verfahren zur Bewertung von Bauablaufstörungen und zur Projektsteuerung, Düsseldorf 1988
19. Lehmann; Praktische Arbeitsphysiologie, Stuttgart, 1962
20. Leitfaden zur Vergütung bei Nachträgen im Vergabehandbuch des Bundes und der Länder
21. Management Zentrum St. Gallen (MZSG), Seminarunterlagen der Management Summer School
22. Nagel, Ulrich; Baustellenmanagement, Berlin
23. Nagel, U. u.a.: Baustellenorganisation, Berlin: Cornelsen-Verlag
24. Nagel, Ulrich, Forderungen sichern und durchsetzen, Bauwerk – Verlag / Beuth
25. **Nagel, Ulrich; Bauen ist eine Lust, Sprüche, Gedichte, Lieder und Bräuche vom Bauen, Beuth – Verlag**
26. Pfarr, Karlheinz ; Grundlagen der Bauwirtschaft, Essen
27. Quack, F.; Grundlagen des privaten Baurechts, Köln
28. Rodde, Nina; u.a. Gemeinkosten in vertraglicher Mehrleistung und Bauzeitennachtrag- Doppelvergütungsrisiko für den Bauherrn; ZfBR, Juli 2005;
29. Schottke, Ralf: Baubetriebswirtschaft und Baurecht; Vergütungsanspruch und Nachtragskalkulation, Neustadt, 2009
30. Seifert, Werner; Praxis des Baukostenmanagements für Architekten, Ingenieure und Bauherren, Düsseldorf 2001
31. Speer, U.: Bauaufträge mit Gewinn, Köln: R. Müller – Verlag
32. Bauleitung und Projektmanagement für Architekten und Ingenieure, Herausgeber: Rösch, Wolfgang, Augsburg 1996
33. Vergabe- und Vertragsordnung für Bauleistungen; Beck-Texte, München

34. Vergaberecht, Beck – Texte im dtv
35. Vygen, Klaus u.a. Bauverzögerung und Leistungsänderung, Köln 2011
36. Wirth, Axel; Handbuch der Vertragsgestaltung, Vertragsabwicklung und Prozessführung im privaten und öffentlichen Baurecht; Düsseldorf
37. Zentralverb. des dt. Baugewerbes, BAUORG, Unternehmerhandbuch für Bauorganisation, Berlin

Diese Reihe umfasst die Bücher

- **Nachtragsmanagement in Bauprojekten -Teil 1**
  Nachträge begründen und das zutreffende Vergütungsniveau bestimmen
  ISBN: 978-3-6963-5351-3

- **Nachtragsmanagement in Bauprojekten – Teil 2**
  Nachtragsvergütung für den Bauinhalt bestimmen
  ISBN: 978-3-6963-7309-2

- **Nachtragsmanagement in Bauprojekten Teil 3:**
  „Bauzeitnachträge“ - Nachtragsforderungen aus Behinderung und Beschleunigung der Arbeiten
  ISBN: 978-3-6963-5689-7

Abkürzungen und Worterläuterungen

AG	Auftraggeber
AGB	Allgemeine Geschäftsbedingungen Das Recht der Allgemeinen Geschäftsbedingungen ist im BGB in den Paragrafen 305 ff. geregelt. Die jeweils aktuelle Fassung ist im Internet unter www.gesetze-im-internet.de/bgb zu finden.
AGK	Allgemeine Geschäftskosten
AN	Auftragnehmer
AZ	Abschlagszahlung
Bauinhalt	was gebaut werden soll
Bau-Ist	tatsächlich ausgeführter Bauinhalt und eingetretene Bauumstände
Bau-Soll	(zunächst) vertraglich fixierter Bauinhalt und Bauumstände
Bauumstände	unter welchen Bedingungen gebaut werden soll
BE	Baustelleneinrichtung
BG	Berufsgenossenschaft
BGB	Bürgerliches Gesetzbuch Die jeweils aktuelle Fassung ist im Internet unter www.gesetze-im-internet.de/bgb zu finden
BGK	Baustellengemeinkosten
Bindefrist	Frist in der sich der Auftragnehmer an sein Angebot gebunden fühlt; bei Ausschreibungen nach VOB/A gleich der Zuschlagsfrist
DVO	Durchführungsverordnung
EFB	Einheitliche Formblätter im Teil III des Vergabehandbuches
EKT	Einzelkosten der Teilleistung
EP	Einheitspreis (Preis je Mengeneinheit)
FoSiG	Forderungssicherungsgesetz
GMP	Garantierter Maximalpreis
GP	Gesamtpreis; Der Gesamtpreis je Position ergibt sich aus der Multiplikation der Menge mit dem Einheitspreis
KT	Kalendertage
LBO	Landesbauordnung
LV	Leistungsverzeichnis
MA	Mitarbeiter
UVV	Unfallverhütungsvorschrift
Verbraucher	Der Begriff ist im § 13 BGB wie folgt definiert: *Verbraucher* *Verbraucher ist jede natürliche Person, die ein Rechtsgeschäft zu Zwecken abschließt, die überwiegend weder ihrer gewerblichen noch ihrer beruflichen Tätigkeit zugerechnet werden können.*
VHB	Vergabehandbuch für die Durchführung von Bauaufgaben des Bundes im Zuständigkeitsbereich der Finanzbauverwaltungen. Im Internet kostenlos einsehbar.
VOB/A	Vergabe- und Vertragsordnung für Bauleistungen / Teil A: Allgemeine Bestimmungen für die Vergabe von Bauleistungen

VOB/B	Vergabe- und Vertragsordnung für Bauleistungen / Teil B: Allgemeine Vertragsbedingungen für die Ausführung von Bauleistungen
VOB/C	Vergabe- und Vertragsordnung für Bauleistungen / Teil C: Allgemeine Technische Vertragsbedingungen für Bauleistungen
W + G	Wagnis und Gewinn
WT	Werktage
Zuschlagsfrist	Frist in der der Auftraggeber den Auftrag erteilt. So lange muss sich der AN an sein Angebot binden

Passend zum Thema eine Buchempfehlung für Sie und Ihre Bauherren:

Bauen ist eine Lust...: Sprüche, Gedichte, Lieder und Bräuche vom Bauen zusammengetragen, sortiert und zusammengebaut von Ulrich Nagel

ISBN 978-3-410-21145-7

15,80 €

Verlag: DIN Media

Ob Grundsteinlegung, Richtfest oder Einweihung: Dieses Büchlein verleiht jeder Rede, jedem Gruß und jedem Fest - mit Witz und Weisheiten rund ums Bauen - den letzten Schliff, denn "ohne Winkel lässt sich kein Haus bauen - ohne Sprichwort keine Rede halten". Bräuche, Richtsprüche, Gedichte und Lieder vom Bauen sind in diesem Band festgehalten und humorvoll illustriert. Jeder Baufreund wird mit diesem auch bestens zum Verschenken geeigneten Titel garantiert auf seine Kosten kommen.